Hans Jürgen Böhmer
Beim nächsten Wald wird alles anders

Hans Jürgen Böhmer

Beim nächsten Wald wird alles anders

Das Ökosystem verstehen

HIRZEL

Bibliografische Information der Deutschen Nationalbibliothek
Die Deutsche Nationalbibliothek verzeichnet diese Publikation in der Deutschen
Nationalbibliografie; detaillierte bibliografische Daten sind im Internet unter
https://portal.dnb.de abrufbar.

2., aktualisierte Auflage 2023
ISBN 978-3-7776-2922-3 (Print)
ISBN 978-3-7776-3053-3 (E-Book, epub)

© 2022, 2023 S. Hirzel Verlag GmbH
Birkenwaldstraße 44, 70191 Stuttgart
Printed in Poland

Lektorat: Gertrud Menczel, Böblingen
Einbandgestaltung: semper smile, München
Satz: abavo GmbH, Buchloe
Druck und Bindung: Drukarnia Dimograf,
Bielsko-Biała

www.hirzel.de

Inhalt

Vorwort.   7

Prolog   9
Neulich beim Arzt   9

Was wurde eigentlich aus dem Waldsterben? 11
Angekündigte Katastrophen in Deutschland und anderswo 12

Wege der Ursachenforschung. 19
Allmähliche Entwirrungen 22
Viel Lärm um vieles. 24
In guter Gesellschaft: Waldsterben auf Hawaii 27
Wege der Ursachenforschung auf einer Insel. 28
Ein lohnender Blick zurück 30
Allmähliche Entwirrungen auf einer Insel 33
Ein Vorbote des Klimawandels? 36
Kassandra und die schöne Spur 40
Eine seltsame Häufung von Waldsterben. 41
Waldsterben – ein globales Phänomen? 43

Klima, Wald und Wandel 49
Chronik eines absehbaren Problems 50

Die Klimaänderung der Gegenwart. 53
Von der »Klimaänderung« zum »Klimawandel«. 61
Ein Wettrennen zwischen Wald und Gletscher 68

Klimawandel versus Nutzungswandel 73
Bewegung am Südrand der Taiga. 77
Stühlerücken im Regenwald. 79
Dieback im Outback 84

German Angst reloaded. 95
Alte Ängste in neuem Licht 96
Plausch auf einer Brandfläche 97
Der Extremsommer 2018, genau genommen 101
Klimaschlauer Waldumbau. 104
Wir und der Wald 110

Globalisierung im Regenwald 117
Neue Spieler im System. 118
Ökologische Explosionen 123
Hotspots unter Trommelfeuer 131
Neue Wälder im Paradies. 135
Tote Wälder am Ende der Welt 139
Alle gegen den Bisam. 144
Where to invade next 148

Das große Vergessen 155
Forschen im Selfie-Zeitalter 156
Ich bin Hanna 159
Die Alzheimerisierung der Wissenschaft. 163
Potemkinsche Wälder 169
Slow Science 175

Epilog 179
Der Stand der Dinge 179

Danksagung. 185

Anmerkungen 187

Der Autor. 205

Vorwort

Es gibt keinen Zweifel mehr, dass Wälder in diesen Zeiten außergewöhnlich belastet sind. Immer häufigere Dürren, extremere Hitze und weitere Effekte der Klimaerwärmung fordern ihren Tribut. Das Verhalten von Bäumen unter diesen Bedingungen ist nun eine *der* Forschungsfronten der Ökologie geworden, und was dabei erarbeitet wird, ist hochinteressant.

Und manchmal auch Besorgnis erregend.

Doch eines gleich vorweg: Dies ist kein Weltuntergangsbuch, und insbesondere auch kein Walduntergangsbuch. Gerade naturnahe Wälder sind ein großartiges Beispiel für die enorme Widerstandkraft der Natur. Selbst nach scheinbar katastrophalen Störungen kehren manche dieser Ökosysteme im Lauf der Zeit wieder in ihren Ausgangszustand zurück oder passen sich veränderten Bedingungen an.

Eigentlich sollten wir das wissen. Doch in bald 30 Jahren Dasein als Wissenschaftler und Umweltplaner ist mir etwas aufgefallen: Die Schwäche unseres kollektiven Gedächtnisses, sei es das unserer Gesellschaft im Allgemeinen oder jenes der Wissenschaften im Besonderen. Vieles, was wir schon einmal genau wussten, geriet nach und nach in Vergessenheit, obwohl wir es heute doch so dringend bräuchten, zur besseren Entscheidungsfindung in der Gegenwart und zur besseren Planung und Vorbereitung der Zukunft. Stattdessen – wenn überhaupt – erfinden wir es neu.

Und leider ziemlich unzureichend.

Die schlechte Nachricht ist, dass sich der Prozess des Vergessens in der modernen Informationsgesellschaft rasant beschleunigt. Man könnte hier getrost auf das Alte Testament verweisen: Die babylonische Sprachverwirrung findet gegenwärtig ihr Äquivalent in der Informationsquellen-Verwirrung – es gibt immer mehr mundgerechte, möglichst ultra-aktuelle Informationen, die in zeitgemäßen Formaten nicht selten vor allem eines sind: unvollständig.

Und damit irreführend.

Während der so erzeugte Verlust an Übersicht auf gesamtgesellschaftlicher Ebene für unnötige Aufregung sorgt, führt er im Bereich mancher Wissenschaften zu Neuerfindungen des Rades.

Mein Anliegen ist die Wahrnehmung der langfristigen Perspektive, denn ihr Verlust könnte schwerwiegende Folgen haben. Mein Feld ist die Langzeitdynamik von Ökosystemen. Was – zum Beispiel – passiert wirklich, wenn Wälder plötzlich absterben oder alte Kulturlandschaften allmählich verschwinden? Warum fällt es uns so schwer, solche Phänomene richtig einzuschätzen? Und warum steht das Informationszeitalter mit seinen eigentlich überwältigenden Möglichkeiten der Datenerhebung, Datenverarbeitung und Aufklärung der Öffentlichkeit einem ganzheitlichen Naturverständnis bisher eher im Wege?

Ich wünsche mir, mit diesem Buch etwas zur Erhaltung der Übersicht beizutragen.

Nürnberg, im August 2021   *Hans Jürgen Böhmer*

Vorwort, 2. Auflage

Der heiße und trockene Sommer des Jahres 2022 hat bestätigt, dass die Abstände zwischen den Dürren kürzer werden – so kurz, dass die tief ausgetrockneten Böden vielen Wäldern kaum noch Wasserreserven bieten. Die klimatischen Trends setzen sich - wie befürchtet – weltweit fort, und so hat sich an der Aufgabe dieses Buches nichts geändert: sachlich die Vielfalt all dessen aufzuzeigen, das jetzt über die Wälder der Welt zu bedenken ist.

Nürnberg, im September 2022   *Hans Jürgen Böhmer*

Prolog
Neulich beim Arzt ...

Vor ein paar Monaten wurde ich zu einem Facharzt überwiesen, der mich beiläufig nach meinem Beruf fragte. »Ich bin Professor«, antwortete ich, und auf seine Nachfrage, womit genau ich mich denn beschäftige, erläuterte ich ihm, ich sei Ökologe und ginge unter anderem der Erforschung von Wäldern nach.

»Aha«, sagte er und fragte dann unvermittelt: »Was wurde denn eigentlich aus dem Waldsterben?«

Neben echtem – und für mich unerwartetem – Interesse an dieser Frage schwang in seiner Stimme noch etwas Besonderes mit: ein leicht ironischer Unterton, der sich wohl darauf bezog, dass die in den 1980er Jahren öffentlichkeitswirksam angekündigte Katastrophe – das Absterben der Wälder Mitteleuropas infolge »sauren Regens« – nicht eingetreten war.

Viele seriöse Fachleute sagten damals eine Entwicklung voraus, die zum vollständigen Verlust der heimischen Waldökosysteme bis zum Jahr 2000 geführt hätte. Und nicht wenige Normalbürger schenkten diesen Befürchtungen Glauben, wodurch seinerzeit eine Art ökologische Volksbewegung entstand, zu der auch ich als Jugendlicher gehörte.

Allein – das erwartete Desaster blieb aus. Tatsächlich gibt es heute, im Jahr 2022, in Mitteleuropa mehr Wald als damals.

Hmm ... Wie konnte es bloß zu einer so gravierenden Fehleinschätzung kommen? Warum haben Fachleute und Öffentlichkeit damals fest an eine Entwicklung geglaubt, die niemals eintrat? Und warum wurde die angekündigte Katastrophe bis heute nicht hörbar abgesagt?

Da saß ich also – Vertreter einer Zunft, die der Gesellschaft möglicherweise einen kolossalen Bären aufgebunden hatte. Die Frage meines Arztes war natürlich absolut berechtigt. Denn so intensiv das Waldsterben seinerzeit wahrgenommen, diskutiert und beforscht wurde, so wenig wurde die Gesellschaft Jahre später darüber aufgeklärt, was wirklich geschehen war.

Es scheint, dass die apokalyptische Vorhersage Medien und Öffentlichkeit lange Zeit elektrisierte, die Lösung des großen Rätsels am Ende aber kaum noch jemanden erreichte.

Warum ist das so? Und was hat das mit den aktuellen gesellschaftlichen, politischen und wissenschaftlichen Debatten, etwa über »den« Klimawandel und »das« Artensterben, zu tun?

Eine ganze Menge.

Aber dazu später. Zuerst möchte ich die Frage meines Arztes beantworten – für ihn und die vielen anderen, die sie immer noch stellen …

Was wurde eigentlich aus dem Waldsterben?

Angekündigte Katastrophen in Deutschland und anderswo

In den frühen 1980er Jahren hing in meinem Jugendzimmer ein Poster, auf dem viele tote Bäume zu sehen waren. Es handelte sich um einen abgestorbenen Nadelwald, ich glaube im Fichtelgebirge. Ein bekanntes Gedicht von Johann Wolfgang von Goethe stand auch darauf zu lesen:

Über allen Gipfeln
ist Ruh,
In allen Wipfeln
Spürest du
Kaum einen Hauch.
Die Vögelein schweigen im Walde.
Warte nur, balde
Ruhest Du auch.

Das war bedeutungsschwer und pessimistisch, und es traf den Nerv der Zeit. Die Wälder in der damaligen Bundesrepublik Deutschland und angrenzenden Ländern waren offensichtlich von einem umfassenden Baumsterben betroffen. Viele Menschen waren besorgt, und zu ihnen gehörte auch ich.

Meine besondere persönliche Betroffenheit hatte vielleicht mit dem Umstand zu tun, dass ich von klein auf viel Zeit in den ausgedehnten Wäldern nahe meiner oberfränkischen Heimatstadt Pegnitz verbracht habe, an der Hand meiner Großmutter, beim Pilzesammeln mit meinem Vater oder beim Spiel mit meinen Freunden. Dort erstreckt sich der Veldensteiner Forst, ein riesiges, überwiegend aus Fichten- und Kiefernforsten zusammengesetztes Waldgebiet, das meine Familie seit Generationen nutzte, zur Brennholzgewinnung und für das Ernten von Waldfrüchten.

Auch in diesen Wäldern gab es kranke Bäume, allerdings nicht einmal annähernd die beängstigend riesigen Totholzbestände, die ich aus den Medien kannte und von denen es hieß, sie seien insbesondere im Erzgebirge, dem Bayerischen Wald, dem Schwarzwald und anderen Mittelgebirgen verbreitet.

Gleichwohl war die Sorge groß, denn es schien nur eine Frage der Zeit, bis das Massensterben auch vor unserer Haustür zuschlagen würde.

Darauf deuteten jedenfalls alle Prognosen hin.

Worauf aber gründeten sie?

Der unheimliche, suggestiv enorm druckvolle Begriff »Waldsterben« tauchte in diesem zeitgeschichtlichen Kontext erstmals 1981 in der öffentlichen Debatte auf, transportiert durch teils aufwühlende Artikel in den Printmedien Frankfurter Rundschau, Stern und Der Spiegel.[1] Laut einer Umfrage des Instituts für Demoskopie Allensbach kannten 1983 sage und schreibe 99 Prozent der Befragten den Begriff Waldsterben.

»Sicher ist: Den Tannenbaum wird es bei uns bald nicht mehr geben«, stand 1982 auch in der seriösen populärwissenschaftlichen Zeitschrift Bild der Wissenschaft zu lesen.[2] In auflagenstarken Tageszeitungen und Zeitschriften wurden zu jener Zeit Experten zitiert, die das Ende des Waldes an sich für das Jahr 2000 beziehungsweise die frühen 2000er Jahre voraussagten. Diese Prognose war üblicherweise an die Vorannahme eines unvermindert anhaltenden Luftschadstoffausstoßes geknüpft. Solchermaßen unterrichtet glaubten im Jahr 1985 nicht weniger als 53 Prozent der bundesdeutschen Bevölkerung, »wenn es so weitergeht wie bisher«, würden bis zum Jahr 2000 alle Wälder absterben.[3]

Erste populäre Erklärungsansätze zum Waldsterben wurden in besagter Ausgabe des Magazins Bild der Wissenschaft zusammengefasst. Das Heft war übertitelt: »Der Wald steht schwarz und leidet« (»Erstmals: Alle wissenschaftlichen Fakten über Schäden und Ursachen«) und wartete mit einer großformatigen Kartenbeilage (»Die Deutschland-Karte vom kranken Wald«) auf, die für das Gebiet der alten Bundesländer die folgenden drei Inhalte darstellt: »Größere Waldgebiete«, »Tannenbestände erheblich geschädigt« und »Größere Schäden bei anderen Baumarten (hauptsächlich Fichte, Kiefer, Buche)«.

Auf den ersten Blick fällt auf, dass die Hauptverbreitung der erheblich geschädigten Wälder in bestimmten Mittelgebirgen liegt, nämlich dem Schwarzwald, den ostbayerischen Grenzgebirgen Bayerischer Wald, Oberpfälzer Wald, Fichtelgebirge und Frankenwald, ferner in Spessart, Rhön, Taunus, Sauerland und Harz. Betroffene Gebiete außerhalb des Staatsgebietes der alten Bundesrepublik sind nicht dargestellt.

Im Begleittext zur Karte heißt es: »Wenngleich bei den Wissenschaftlern noch verschiedene Hypothesen zum Waldsterben diskutiert werden, verdichten sich die Informationen, daß die Ursachen vor allem in der Luftverschmutzung zu suchen sind und Schwefeldioxid-Emissionen[4] eine besondere Bedeutung zukommt.«

Mit dieser Hintergrundinformation allerdings springt beim zweiten Blick auf den Karteninhalt schnell ins Auge, dass es wenig Überschneidung zwischen den vom Waldsterben betroffenen Gebieten und den bevölkerungsreichsten Ballungsräumen gibt. Mehr noch – sie scheinen sich sogar weitgehend gegenseitig auszuschließen.

Natürlich kann man direkt einwenden, dass in Ballungsräumen wohl auch weniger Wald anzutreffen ist. Doch stellt sich sofort die Frage, welche Brille man aufhaben muss, um angesichts der vorliegenden Verbreitungskarte des Waldsterbens bei den Ursachen zuerst an die *Luftverschmutzung* zu denken.

Es finden sich noch weitere erstaunliche Aussagen im Text. Die merkwürdigste: »Überall außer im Alpenraum gibt es großflächige Waldschäden.« Das steht tatsächlich unter einem Kartenbild, nach dem der offensichtlich größere Teil der Waldflächen und der gesamten Landesfläche *eben nicht* von Waldschäden betroffen ist.

In der Wissenschaft weiß man, dass sich aus räumlichen Zusammenhängen nicht notwendigerweise kausale Zusammenhänge ableiten lassen. Auch jenseits der Forschung leuchtet es ein, dass beispielsweise der Geburtenrückgang beim Menschen in einem bestimmten Landstrich nicht unbedingt etwas mit dem gleichzeitigen Rückgang der Störche in derselben Gegend zu tun hat. Dazu mehr in einem späteren Kapitel.

Somit gilt aber auch, dass sich aus einem fehlenden räumlichen Zusammenhang – hier: mangelnde Überschneidung von Ballungsräumen des Waldsterbens mit Ballungsräumen menschlicher Besiedlung (also eigentlich: der Luftverschmutzung) – nicht einfach schließen lässt, dass *kein* kausaler Zusammenhang besteht.

Man verfolgte also genau diese Idee, was daneben an den stark suggestiv wirkenden Bildern gelegen haben mag, die es auch damals schon gab: Fotografien von toten Wäldern in direkter Umgebung heruntergekommener, mit rußgeschwärzten Schornsteinen und mächtigen Rauchfahnen versehener, scheinbar baufälliger Braunkohlekraftwerke, insbesondere im östlichen Mitteleuropa – postapokalyptisch anmutende, graubraune, verseuchte Landschaften, deren Anblick dem nunmehr ökologisch sensibilisierten Westeuropäer die Sprache verschlug. Hier schien der Kausalzusammenhang »Luftverschmutzung und Waldsterben« so offensichtlich, dass er nicht hinterfragt werden musste oder konnte.

Solche lokalen Brennpunkte in Osteuropa[5] konnten aber die Verbreitung des Waldsterbens in der alten Bundesrepublik eigentlich nicht erklären, zumal sie ja außerhalb des Landes lagen, und bei vorherrschenden Westwinden auch noch östlich der hier betroffenen Mittelgebirge. Wie also konnten Schwefeldioxid-Emissionen in todbringender Konzentration in periphere Regionen gelangen, in denen es keine Kohlekraftwerke, keine größeren Industrieanlagen und auch keine hohe Bevölkerungsdichte gab?

Hierfür wird im gleichen Beitrag in zwei auch für Kinder leicht verständlichen Reliefbildern eine einleuchtende Erklärung geliefert: Alte Kraftwerke (Stand 1950) haben kurze Schornsteine, die den Rauch nur in die unmittelbare Umgebung abgeben. Moderne Anlagen (Stand 1982) besitzen hohe Schornsteine, die nun zwar ihrer direkten Umgebung die heftigsten Emissionen ersparen, diese dadurch aber über höhere Luftschichten in die Ferne abgeben, wo sie sich schließlich an den Hängen der Mittelgebirge wieder sammeln.

Damit diese Hypothese auch wirklich ankommt, wird der Leser journalistisch an die Hand genommen: »Die noch weitgehend intakte Natur dieser Gebiete mit fast reiner Luft wurde durch den Eintrag selbst geringer Schadstoff-Konzentrationen kalt erwischt.« Ein sehr griffiges Wortbild – man kann sich regelrecht vorstellen, wie arglose Bäume im Hinterland von weit hergereisten Schadstoffen überrumpelt werden. Abgesehen davon wäre auch die Annahme einer »weitgehend intakten Natur« zu hinterfragen gewesen.

Es geht mir hier nicht darum, auf den Autoren der Zeitschrift herumzuhacken, und auch nicht auf den Kollegen, die sich damals mit dem Thema befassten. Ich selbst hätte ja 1982, als naturbegeisterter Jugendlicher, auf diese Karte geblickt und vermutlich etwas hineininterpretiert, das gar nicht zu sehen ist.

Fairerweise sei hier auch erwähnt, dass selbst dem Chefredakteur der Zeitschrift, Wolfram Huncke, anscheinend nicht ganz wohl bei dem Thema war. Betont abwägend äußert er sich im Editorial und beginnt mit einer Anekdote: »Da fahren zwei Bild-der-Wissenschaft-Redakteure stundenlang kreuz und quer durch den Harz, um ein Stück dessen zu finden und zu fotografieren, was – verändert durch sauren Regen und Metall-Ablagerungen – täglich in den Massenmedien Schlagzeilen macht: sterbenden Wald.«[6]

Es klingt, als hätten sie Probleme gehabt, abseits der medial bereits ausgeschlachteten Katastrophengebiete etwas Eindeutiges zu finden.

Zugleich waren die Warnungen akribisch arbeitender Wissenschaftler wie des Göttinger Professors Bernhard Ulrich, damals Direktor des Instituts für Bodenkunde und Pflanzenernährung, ja nicht unbegründet. Er konnte durch seine Arbeit konkret nachweisen, wie über die Luft eingebrachte Schadstoffe, insbesondere Schwefeldioxid-Emissionen, sich in Waldböden anreichern (Bodenversauerung durch »sauren Regen«) und bei Bäumen in seinem Untersuchungsgebiet, dem Solling, das viel diskutierte Krankheitsbild hervorriefen.

Wolfram Huncke schreibt in seinem Editorial weiter: »Was fehlt, ist die sachgerechte und emotionsbeherrschte Information für alle. Eine Synthese der Widersprüche. Machen wir uns doch nichts vor: Schutzauflagen, die die Politiker und Wirtschaft anbringen, sind bei uns immer nur lebensfähige Kompromisse. Wenn die Jugend deswegen räsoniert – wer will es ihr verdenken?«

Wer würde dem nicht auch heute zustimmen, in den anhaltenden gesellschaftlichen Debatten über Klimawandel und Insektensterben?

Man könnte sagen, viele von uns erlagen damals einer Zeitströmung, die eine nicht ganz ausgereifte Reaktion auf ein – zu Recht – besorgniserregendes, mancherorts rasch um sich greifendes Phänomen war.

Das ist wohl zutiefst menschlich. Aber mit dem Verständnis für solche gesellschaftlichen Reflexe dürfen wir uns nicht zu lange aufhalten.

Wir müssen daraus lernen.

Mich fasziniert deshalb heute vor allem die Frage, wie eine solche Verwirrung der Allgemeinheit, insbesondere auch unter Beteiligung von Naturwissenschaftlern, zu Stande kommen kann. Gerade Letztere – und ich bin einer von ihnen – erheben ja den Anspruch der Objektivität.

Gleichzeitig verwundert mich auch die Emotionalität (man müsste eigentlich von Extremität sprechen), mit der die Debatte über das Waldsterben sogar noch im Nachgang geführt wurde. Sicher, Journalisten müssen Schlagzeilen verkaufen, sie leben ja davon. Viele extreme Positionen auf der Gegenseite des Alarmismus – bis hin zur Behauptung, das Waldsterben sei eine Erfindung der Medien oder bestimmter politischer Interessengruppen gewesen – sind allerdings ebenso unsinnig wie die bereits erwähnten Weltuntergangsszenarien.

Die toten Wälder waren real. Wer es nicht glauben wollte, konnte hinfahren, sie fotografieren oder durchwandern. Auch das Hauptsymptom erkrankter Nadelbäume, das sogenannte *Lametta-Syndrom*, bei dem die kleinen Zweige schlaff an den Ästen herabhingen, war vielerorts zu besichtigen. In einem vom Bund für Umwelt und Naturschutz (BUND) 1985 herausgegebenen Informationsblatt »Rettet unsere Wälder« zu einem Waldlehrpfad bei Staufen im Schwarzwald findet sich exemplarisch folgende Zusammenfassung der Situation:

»Sehr geehrte Wald- und Naturfreunde, Sie finden derart geschädigte Wälder jetzt in allen Teilen der Bundesrepublik und Europas. Die Hauptursachen des Waldsterbens sind bekannt! Die Folgen des Waldsterbens aber sind in ihrem ganzen Ausmaß noch garnicht übersehbar. Sie werden jedoch sicher – ohne wesentlich verstärkte Gegenmaßnahmen – zu einer für uns bisher unbekannten ökologischen Katastrophe führen. Wir alle müssen rasch, mutig und verantwortungsbewußt handeln!«

Die im gleichen Merkblatt skizzierte Zukunft ist erwartungsgemäß düster gezeichnet:

»Die langfristigen Folgen des Waldsterbens werden für den Schwarzwald katastrophal sein: das Bild der Landschaft und ihr Erholungswert werden dramatisch verändert und zu erheblichen Folgen im Fremdenverkehr führen; der Schutz durch den Wald vor Erosion, Wildwasser, Steinschlag und teilweise vor Lawinen fällt aus; Baumarten, zahllose Tier- und Pflanzenarten und Lebensräume (Biotope) werden in ihrer Existenz bedroht; die Versorgung mit Trinkwasser guter Qualität wird unsicher; der Zusammenbruch des Holzmarktes, der Verlust tausender von Arbeitsplätzen in der Holz- und Forstwirtschaft drohen; das Existenzrisiko für zahlreiche Waldbauern nimmt zu, da ihre ›Sparkasse‹ für Krisenzeiten bedroht ist.«

Solche Einschätzungen spiegeln die allgemeine und jahrelang anhaltende Stimmungslage jener Zeit durchaus wider. War aber damals wirklich schon »alles zu spät«, wie eine Überschrift in Bild der Wissenschaft suggerierte und manch einer der dort interviewten Experten behauptete oder zumindest befürchtete?

Nun, knapp 40 Jahre später, beantwortet sich die Frage von selbst. Ich gehe noch immer gern im Veldensteiner Forst Pilze sammeln, und ich nehme an, dass viele andere sich auch gerne in den ausgedehnten Wäldern Bayerns, Baden-Württembergs und anderer Bundesländer aufhalten.

Wie also konnte es damals zu solch gravierenden Fehleinschätzungen kommen?

Wege der Ursachenforschung

Beginnen wir mit einer vermeintlich einfachen Frage: Woran sterben eigentlich Bäume in einem Wald, oder sagen wir lieber: in einem Forst? Da gibt es einige Möglichkeiten, die allesamt auch schon 1982 bekannt waren. Zunächst naheliegende wie Trockenheit und Nährstoffmangel, die auch dem Nichtfachmann einsichtig sind. Daneben gibt es speziellere Ursachen wie etwa den Befall mit Nadelpilzen oder gar mit oberflächlich nicht sichtbaren Wurzelpilzen. Sehr oft wirken gleich mehrere dieser Faktoren zusammen.

In einem Forst – das bedeutete damals noch überwiegend eine Monokultur gleichaltriger Bäume, sogenannte *Kohorten* – potenzieren sich solche Probleme. Da alle Individuen ungefähr gleich alt sind, beanspruchen sie auch die verfügbaren Ressourcen gleichzeitig in gleichem Maße.

Wird eine bedeutende Ressource knapp, geraten die Bäume unter Stress. Wird der Mangel nicht behoben, wird er zu einer tödlichen Gefahr für den gesamten Bestand. Zumal die angeschlagenen, durch anhaltenden Stress geschwächten Kohorten allmählich eine enorme Angriffsfläche für Schadorganismen bieten, seien es Borkenkäfer oder schädliche Wurzelpilze.

Dazu kommt, dass Forstbäume lange Zeit aus standortfremdem Saatgut rekrutiert wurden. Das heißt, andernorts gut wüchsige Baumarten wurden aus ihrem angestammten Naturraum in entfernte, schon fast notwendigerweise ungeeignetere Gegenden verbracht, wo ihre Lebensbedingungen gar nicht optimal sein konnten. Mit anderen Worten: Der Stress war dort bereits vorprogrammiert.

Warum aber stürzte man sich vor 40 Jahren ausgerechnet auf Schwefeldioxid-Emissionen, die ja – angesichts der oben genannten Erklärungsansätze für massenhaftes Baumsterben in Forsten – als eine eher abwegige Ursache erscheinen?

Um dies zu verstehen, muss man neben dem zeitgenössischen Kontext auch die Vorgeschichte der Debatte beleuchten. Die Ursachenforschung zu den sogenannten »neuartigen Waldschäden« – ein ab 1983 von verschiedenen Seiten vorgeschlagener neuer Begriff mit dem Ziel, die stark emotionalisierte Debatte zu versachlichen – beruhte auf einer

Reihe von Vorannahmen, deren Ideengeschichte sich in die Vergangenheit bis jenseits der 1970er Jahre zurückverfolgen lässt.[7]

Die modernisierte Ökosystemforschung jener Zeit schenkte den Stoffkreisläufen in Wäldern besonderes Augenmerk, hatte also den Stoffhaushalt beziehungsweise Eintrag von Stoffen in Wälder schon vorab im Fokus. Ein wichtiger Vertreter dieser Fachrichtung war der bereits erwähnte Göttinger Forstwissenschaftler Bernhard Ulrich, der ab 1979 vor einem Waldsterben warnte. Sein Forschungsobjekt waren *Buchenwälder* im Solling, einem Mittelgebirge in Südniedersachsen, das als Teil des Weser-Berglandes auch nach Hessen und Nordrhein-Westfalen hineinreicht. Er hatte dort herausgefunden, dass Buchen Schwefeldioxid aus der Luft filtern – ganz offensichtlich in großer Entfernung von industriellen Ballungsräumen.

Diese Filtereigenschaft von Bäumen wurde zuvor schon an Fichten beobachtet. Zunächst sah man das positiv – die Bäume trugen aktiv zur Luftreinhaltung bei. Als sich allerdings herausstellte, dass damit eine starke Bodenversauerung einherging, die möglicherweise sowohl das Baumwachstum als auch die Etablierung von Keimlingen beeinträchtigte, wuchs die Besorgnis.

Schon viel früher wurde im Schwarzwald und im Bayerischen Wald ein *Tannensterben* beobachtet, ein bereits zu Beginn des 20. Jahrhunderts beschriebenes Phänomen, das in Baden-Württemberg seit den 1960er Jahren wieder aufflammte, etwas später auch im Bayerischen Wald. Dazu kamen bald gravierende Probleme bei Fichten und Kiefern. Immerhin wusste man seit Langem, dass dem Tannensterben ein schwer zu entwirrender Ursachenkomplex zu Grunde liegt, dessen Wirkung durch *anhaltende Trockenheit* verstärkt wird. Der Forstbotaniker Peter Schütt von der Ludwig-Maximilians-Universität München war Spezialist für dieses Feld.

Die Expertise der beiden Wissenschaftler Ulrich und Schütt floss in dem heraufziehenden Brennpunktthema auf ideale Weise zusammen, und so wurden sie die herausragenden Köpfe der sich immer weiter entfaltenden Waldsterbensdebatte. In ihrem Fahrwasser bewegten sich unter anderem forstwissenschaftliche Rauchschadensexperten, deren

Warnungen vor Luftschadstoffen bis dato wenig Gehör gefunden hatten.[8]

Schon die unterschiedlichen fachlichen und geografischen Hintergründe dieser beiden Protagonisten legen nahe, dass bei der Diskussion über die Ursachen des Waldsterbens keineswegs Einigkeit herrschen konnte – und sich schon früh die Gefahr abzeichnete, dass Äpfel und Birnen in einen Topf geworfen würden.

Daneben gab es noch weitere Hypothesen. Forstpathologen hielten Pilzinfektionen für eine Voraussetzung des Waldsterbens, zu deren Wirkung der Eintrag von Luftschadstoffen erschwerend hinzukam. Andere wiederum gingen gar von einer »Epidemie« aus, die von Mikroorganismen verursacht werde.

Oder waren die »neuartigen Waldschäden« gar nicht so neu, wie man weithin glaubte? Manche Experten, etwa der Münchner Professor Otto Kandler, hegten schon früh die Vermutung, dass sich zumindest ein Teil der Schäden bald als längst bekanntes Phänomen entpuppen könnte.[9]

Dokumentiert ist diese Vielstimmigkeit unter anderem in einem Streitgespräch in Bild der Wissenschaft, zu dem neben Wissenschaftlern auch Politiker und der Publizist Carl Amery eingeladen waren. Die Meinungen reichten von völliger Ablehnung der Luftschadstoff-Hypothese bis hin zur gefühlten, aber nicht plausibel begründbaren Waluntergangserwartung.[10]

Peter Schütt gibt in diesem Forum auf die Frage, ob eine »Ansteckungskrankheit« als Ursache des Waldsterbens in Betracht zu ziehen sei, eine sehr interessante Antwort: »Wenn wir es mit Pilzen oder Viren zu tun hätten, wäre diese Hypothese sicherlich zu prüfen. Aber da wir überzeugt sind, daß die Luftverunreinigung Ursache ist, scheidet diese Möglichkeit meines Erachtens nach aus.«

Nun – Überzeugungen sind in ihrer Wirkung auf die Wahrnehmung der Welt nicht zu unterschätzen. Das gilt für uns alle, und eben auch für Wissenschaftler. Die Wege der Forschung sind von gesellschaftlichen Zeitströmungen – man könnte auch von Moden sprechen – keineswegs unabhängig, sondern häufig durch sie bedingt. Das überträgt sich gelegentlich auch auf die Foschungsergebnisse beziehungsweise die Schluss-folgerungen, die daraus gezogen werden. Hierzu mehr in den folgenden Kapiteln dieses Buches.

Es ist recht und billig, dass die einzelnen Forscher das Phänomen »Waldsterben« zuallererst aus ihrer persönlichen Warte beschrieben und einordneten. Was hier aber bemerkenswert ist: Viele schienen davon auszugehen, dass die Erkrankung der Bäume ein linear fortschreitender, unumkehrbarer Prozess sei. Diese Annahme aber *musste* auf subjektiven Einschätzungen beruhen, denn insbesondere Forstwissenschaftler beschäftigen sich ja mit langlebigen Organismen und müssen eigentlich in Erwägung ziehen, dass sich der Gesundheitszustand eines kranken Baumes auch wieder bessern kann. Dies scheint damals nur wenigen in den Sinn gekommen zu sein.

Wie aber sah es mit den übergeordneten Fakten aus, insbesondere solchen, die – anders als die persönlichen Hintergründe und Erfahrungen der Experten – *wirklich* Aufschluss über die *Gesamtsituation* des deutschen Waldes gaben?

Allmähliche Entwirrungen

Trotz der vermutlich schwerwiegenden Entwicklung gab es zur Jahreswende 1982/83 immer noch keine systematische und methodisch einheitliche Erfassung der Waldschäden, *Waldschadensinventur* genannt. Sie begann in den alten Bundesländern erst 1984 und erbrachte, dass landesweit etwa 50 Prozent der Wälder leichte bis starke Schäden aufwiesen. Inzwischen war – als erste und wichtigste Laubbaumart – auch die Buche in nennenswertem Ausmaß betroffen.

Während die Waldschadensinventur des Jahres 1984 den aus Stichproben errechneten Trend der Vorjahre – eine dramatische Zunahme der Waldschäden – bestätigte, ergab sich aus den Inventuren der Folgejahre kein einheitlicher Trend mehr. Über alle Baumarten gerechnet verharrten die Werte ungefähr auf dem gleichen, relativ hohen Niveau.[11]

Diese Stagnation widersprach einerseits zwar den apokalyptischen Vorhersagen, erlaubte andererseits aber auch keine Entwarnung.

Es gab ein Problem, aber was steckte dahinter?

Betrachtete man die Schäden nach Baumarten getrennt, ergab sich – je nach Alter der Bestände – ein recht vielgestaltiges Bild. Umso mehr, wenn man die Angaben nach Bundesländern trennte. So gesellten sich zur offenkundigen Vielstimmigkeit der Rede über das Waldsterben allmählich auch Belege für die Unterschiedlichkeit der Betrachtungsgegenstände sowie deren Wahrnehmung durch die jeweiligen Forstbehörden und Forschungsinstitute.

Aus der vielschichtiger werdenden Faktenlage ergaben sich notwendigerweise auch sehr unterschiedliche Auffassungen, welche Gegenmaßnahmen einzuleiten seien. Hier reichte das Spektrum von der Reduzierung des Schwefeldioxidausstoßes über den Einsatz von Kalk zur Abpufferung der Bodenversauerung bis zu Änderungen der Waldbewirtschaftung.[12]

Ab 1982 und in den kommenden zehn Jahren wurde die Waldsterbensforschung mit fast einer halben Milliarde D-Mark gefördert, was eine erhebliche Diversifizierung der vorher in diesem Kontext eher punktuellen, auf relativ wenige Disziplinen beschränkten Forschungslandschaft zur Folge hatte.

Der damit verbundene Erkenntnisgewinn brachte nicht nur Tausende wissenschaftliche Publikationen hervor, sondern entschärfte allmählich auch die bis 1983 stark emotional geprägte Debatte. Aus der heraufziehenden Katastrophe wurde eher so etwas wie ein weit verbreitetes Krankheitsbild, der alarmistische Ton wurde bis Ende der 1980er Jahre von vielen seiner Protagonisten gemildert oder ganz aufgegeben.

Dafür gab es eine Reihe von Gründen. Zunächst die ab Mitte der 1980er Jahre einsetzende Stagnation des Waldsterbens. Und daneben vor allem die wachsende Erkenntnis, dass Worthülsen wie »Waldsterben« und »neuartige Waldschäden« nur irreführende Sammelbegriffe für ungefähr zeitgleich ablaufende, regional allerdings sehr unterschiedliche Typen von Baumerkrankungen waren.

Offenbar beruhten die neuartigen Waldschäden zu einem wesentlichen Teil auf Ernährungsstörungen der Bäume, die zum einen durch bestimmte Standorteigenschaften bedingt waren, zum anderen durch bestimmte Strukturen der Wälder selbst. »Auf jeden Fall«, schreibt Reinhard Hüttl in seiner Analyse der Waldsterbensforschung, »sind alle Umwelteinflüsse, die auf die Waldökosysteme einwirken, nach Standort und Bestand differenziert zu betrachten. Deshalb ist es nicht möglich, einzelne Negativfaktoren für die neuartigen Waldschäden insgesamt (...) verantwortlich zu machen.«[13]

Mit anderen Worten: Es ist – bei näherem Hinsehen – kompliziert. Mögen hier und da die Schwefeldioxid-Emissionen und andere Luftschadstoffe ursächlich zum Waldsterben beigetragen haben, kommen sie als Hauptursache auf der Gesamtfläche Mitteleuropas nicht in Frage. Stattdessen gab es zahlreiche Schadtypen schon allein bei Fichten und Tannen, etwa durch den Mangel an Magnesium, Kalium, Kalzium und Zink, je nach Ausgangsgestein des betroffenen Landstrichs. Solche Mangelerscheinungen waren punktuell bereits früher beschrieben worden – neu war nur ihre Ausdehnung.

Viel Lärm um vieles

Tatsächlich also war *das Waldsterben* ein nur scheinbar homogenes Phänomen (sagen wir: viele kranke und tote Bäume an vielen Orten), das einen komplexen Hintergrund und je nach Region und Baumart eine andere Kombination von Vorbedingungen und Auslösern hatte. Und wenn man dabei ein verbindendes Element benennen möchte, ist es wohl dieses: Eine ungewöhnliche Folge ungewöhnlich trockener Sommer, beginnend mit jenem des extremen Trockenjahres 1976 und endend mit dem fast ebenso trockenen Sommer 1983, führte in vielen Regionen zu lange anhaltendem Trockenstress in den Wäldern.

Dieser zusätzliche Stress führte zum Absterben von Bäumen auf ohnehin schwierigen Standorten, die teilweise durch Schadstoffeinträge aus der Luft noch schwieriger geworden waren. Das überregional fast gleichzeitige Auftreten der Schäden bei verschiedenen Baumarten spricht für die Wahrscheinlichkeit, dass die Klimaanomalie dieser Phase, also eine relativ kurzfristige, aber starke Abweichung vom als normal definierten Klima, eine synchronisierende Wirkung auf die Wald(sterbens)dynamik in weiten Teilen Mitteleuropas hatte.

Und das ist eigentlich schon wieder trivial.

Es darf aber keineswegs vergessen werden, dass aus der intensiven Wahrnehmung des Waldsterbens, bei allen Irrwegen seiner Deutung, viel Positives hervorgegangen ist. Letztlich hat die bundesdeutsche Gesellschaft, teilweise von falschen Annahmen ausgehend, um das Richtige gerungen: die Reduzierung der Schadstoff-Emissionen von Industrie, Haushalten und Verkehr[14], die Institutionalisierung von Natur- und Umweltschutz, mehr Geld für die Umweltforschung et cetera.

Davon profitieren wir alle noch heute.

Bis zum Jahr 2000 – jener Zeitmarke, die zu Beginn des Waldsterbens als Schlusspunkt der Waldgeschichte in Mitteleuropa vorausgesagt wurde – gingen die Waldschäden deutlich zurück, aber nicht überall kontinuierlich und in gleichem Maße. Der Waldzustandsbericht für das Jahr 2000 spiegelt die Erkenntnis, dass Waldzustände immer schwanken können und schon auf Grund der außergewöhnlichen naturräumlichen Vielfalt Deutschlands lokal sehr unterschiedlich sein müssen, recht deutlich wider.

Damals wurden in dem für das Verfahren üblichen Stichprobenraster von 16 mal 16 Kilometern bundesweit insgesamt 13 722 Bäume an über 400 Probepunkten erfasst und in fünf Schadstufen eingeteilt.[15] Zwar wurden dabei 38 Baumarten erfasst, doch die räumliche Dominanz der Hauptbaumarten Fichte, Kiefer, Buche und Eiche schlug sich auch im Datensatz nieder: Rund 85 Prozent der erfassten Bäume waren Individuen aus der Gruppe dieser vier Arten.

Deutliche Schäden zeigten 25 Prozent der Fichten, 13 der Kiefern, 40 der Buchen und 35 der Eichen, wobei Bäume mit einem Alter über 60 Jahre grundsätzlich und bei Weitem stärker geschädigt waren als jüngere Bäume. Während es bei Fichten und Kiefern gegenüber dem Vorjahr 1999 praktisch keine Veränderungen gab, waren im Jahr 2000 dagegen 8 Prozent mehr Buchen, aber 9 Prozent weniger Eichen als 1999 geschädigt.

Die Bilanz innerhalb der Bundesländer fiel recht unterschiedlich aus. In Baden-Württemberg etwa betrug der Waldflächenanteil mit deutlich geschädigten Bäumen 24 Prozent, damit war der Zustand seit 1997 insgesamt stabil. Ähnlich war die Situation in Bayern und Hessen. In den nördlich gelegenen Bundesländern lag der Anteil deutlich geschädigter Waldflächen niedriger, in Niedersachsen beispielsweise bei 16 Prozent, doch war dort gegenüber dem Vorjahr eine Verschlechterung von 3 Prozent eingetreten, mit konstant hohen Schäden von über 50 Prozent bei der Eiche. In Brandenburg kam es seit 1991 zu einer kontinuierlichen Verbesserung. In Nordrhein-Westfalen hingegen wurde eine kontinuierliche Verschlechterung auf 30 Prozent geschädigte Waldfläche verzeichnet, mit starken Schäden bei der Buche (52 %) und einer deutlichen Verbesserung bei der Eiche. Und so weiter.

Dieses moderate Hin und Her von Jahr zu Jahr scheint durchaus normal zu sein. Die Buche etwa hatte 2000 ein Jahr besonders starker Fruchtbildung, was manche erwachsenen Bäume möglicherweise besonders schwächte. Apropos normal: Ein gewisser Anteil toter und absterbender Bäume gehört zum Normalzustand natürlicher und naturnaher Waldgesellschaften mit komplexer Altersstruktur. Je nach Waldtyp kann der Anteil stehenden Totholzes bis über 20 Prozent betragen, auch ganz ohne störende menschliche Beeinflussung. Das sollte man bei der Betrachtung solcher Zahlen immer im Hinterkopf behalten.

Rückblickend äußerten im Verlauf der 1990er Jahre immer mehr Wissenschaftler Zweifel, dass die vom Menschen hervorgerufene Luftverschmutzung eine entscheidende Rolle bei der Entwicklung des Waldsterbens spielte.[16] Plausibler schien angesichts der enormen räumlichen Ausdehnung sogar in Landschaften mit geringer Luftverschmutzung klimatischer Stress infolge anhaltender Trockenheit, durch die Bäume geschwächt und stärker anfällig für die Folgen von Nährstoffmangel und Schadinsekten werden.

Traditionell wird Forstwirtschaft in Mitteleuropa dort betrieben, wo sich Landwirtschaft nicht rentiert – auf nährstoffarmen Grenzertragsstandorten in topografisch ungünstigen Lagen, die oft auch relativ schwierige klimatische Standortbedingungen aufweisen. In dieser Problematik und den sich daraus ergebenden Ernährungsstörungen der Bäume sind wesentliche Vorbedingungen des Waldsterbens zu suchen.

Reinhard Hüttl schrieb in Hinblick auf die besonders betroffene, auf basenarmen Böden verbreitet an Magnesiummangel leidende Fichte, dass ihr als »Fichten-Hochlagenerkrankung« bezeichnetes Krankheitsbild »am ehesten mit extremen Witterungsbedingungen wie den häufigen Trockenperioden Ende der 70er/Anfang der 80er Jahre« zu erklären sei.[17] Die seit Mitte der 1980er Jahre beobachtete verbreitete natürliche Erholung gelbspitziger Fichten falle mit Jahren günstigerer Niederschlagsverhältnisse zusammen. Stoffeinträge in die Waldökosysteme stellten lediglich einen »maßgeblichen mitwirkenden Faktor« dar. Hüttl kritisierte auch die auf der Erfassung von Nadel- und Blattverlusten basierende Waldschadenserhebung, die seiner Meinung nach in vielen Fällen »keine brauchbaren Aussagen« über den tatsächlichen Gesundheitszustand von Bäumen zuließ.

Interessant sind im Hinblick auf die spätere Entwicklung Aussagen des Freiburger Professors Heinrich Spiecker. Er glaubte nach 20 Jahren Waldschadenserhebung nicht mehr daran, dass Kronenverlichtungen bei Bäumen im Allgemeinen mit Luftschadstoffeinträgen zusammenfallen, und warnte, dass schlimmere Waldschäden erst noch bevorstünden – infolge der globalen Klimaerwärmung mit der zu erwartenden Häufung trockener und heißer Sommer. Da unter der Trockenheit in erster Linie reine Nadelwälder leiden, plädierte er für deren zügigen Umbau in standortgerechte Mischwälder.[18]

In guter Gesellschaft: Waldsterben auf Hawaii

Mit dem Ausmaß der eingangs geschilderten Fehleinschätzung befand sich die bundesdeutsche Öffentlichkeit in guter Gesellschaft. Auch im 50. US-Bundesstaat Hawaii gab es zu jener Zeit ein großflächiges, unerklärliches und in höchstem Maße beunruhigendes Waldsterben. Gut 50 000 Hektar des natürlichen Regenwaldes auf der größten Insel namens Hawaii (oder *Big Island*) waren bis Ende der 1970er Jahre bereits betroffen, ein weiterer Schub setzte in den frühen 1980er Jahren ein.

Hawaii liegt im zentralen Nordpazifik und ist die isolierteste Inselgruppe der Welt. Das kalifornische Festland ist nicht weniger als 3765 Kilometer weit weg, das ist etwas mehr als die Entfernung Berlin–Teheran. Immerhin noch 3550 Kilometer beträgt die Entfernung zum nächstgelegenen nennenswerten Archipel, den Marquesas-Inseln.

Von Schwerindustrie und Kohlekraftwerken keine Spur, Luftverschmutzung nach mitteleuropäischem Muster kam als Ursache des Problems also nicht in Frage. Kurzzeitig geriet zwar der Kilauea, ein aktives Vulkansystem, in Verdacht, doch auch dessen manchmal kilometerlange Rauchfahne konnte das über mehr als tausend Quadratkilometer verstreute Waldsterben nicht erklären.

Wie also würde die Gesellschaft Hawaiis – Wissenschaft, Medien, Öffentlichkeit – auf das Phänomen reagieren?

Soweit sich dies heute rekonstruieren lässt, sind die Parallelen zum Verlauf der Wahrnehmung in Deutschland verblüffend: Überreaktionen von Medien und Forstexperten, Irrwege der Forschung und eine daraus resultierende pessimistische Erwartungshaltung der Gesamtgesellschaft. Das völlige Absterben der natürlichen Regenwälder, der nach der wichtigsten bestandsbildenden Baumart *Ohia* benannten *Ohia forests* (auf Hawaiianisch heißen die Bäume *Ohia lehua*, wissenschaftlich *Metrosideros polymorpha*, aus der Gattung der Eisenhölzer), wurde – tatsächlich – bis spätestens zum Jahr 2000 vorausgesagt.

Die Medien begleiteten den Prozess mit entsprechenden Schlagzeilen. Die führende Tageszeitung, das Honolulu Star Bulletin, titelte am 7. Februar 1975: »*Ohia*-Wälder könnten bis 1985 zerstört sein«, am 17. Mai 1975: »Tod der *Ohia*-Wälder ein beängstigender Ausblick« und noch am 7. März 1977: »Die *Ohia*-Bäume sterben«.

Wege der Ursachenforschung auf einer Insel

Die erste Beschreibung des Phänomens in der wissenschaftlichen Literatur stammt aus dem Jahr 1968 und erwähnt ein Sterben (»dying«) von *Ohia*-Baumgruppen im Bergregenwald am Mauna Kea, dem höchsten Vulkan der Insel.[19] Etwas später findet der Begriff *Dieback* Verwendung.

Dieback ist eine Sonderform des Waldsterbens, von der nur die großen, ausgewachsenen Bäume der Kronenschicht betroffen sind. Sie ist definiert als fortschreitendes Absterben von den Zweigspitzen hin zu den Hauptästen eines Baumes – ein allmählicher Verlust der Baumkrone von der Peripherie zum Stamm, der mit einer Ausdünnung des Kronenlaubes beginnt. Zuletzt sind nur noch direkt am Stamm ansetzende kleine Äste belaubt.

Aufgrund der Großflächigkeit und raschen Ausbreitung des Phänomens schien zunächst die Hypothese plausibel, es müsse sich um eine eingeschleppte »Krankheit« handeln. Obwohl es dafür keinerlei Beweise gab, schrieben Wissenschaftler noch 1975 von einer »*Dieback*-Epidemie«.[20] Das Absterben der Wälder binnen eines Zeitraums von 15 bis 25 Jahren wurde – begründet auf rein subjektiven Annahmen – prognostiziert.

So naheliegend seinerzeit *die Luftverschmutzung* als Ursache des Waldsterbens in Deutschland erschien – es handelte sich ja um eine Industrienation inmitten eines Kontinents von Industrienationen, so naheliegend ist es wohl im Falle einer Insel, an eine eingeschleppte Krankheit als Ursache eines rätselhaften Massensterbens zu denken.

Und so stürzten sich Geldgeber und Forschung ohne Umschweife auf diese Annahme, oder sagen wir lieber: *Überzeugung.*

Die Millionen US-Dollar verschlingende, systematische Erforschung potenzieller Schadorganismen im hawaiianischen Regenwald umfasste in der ersten Hälfte der 1970er Jahre Bakterien, Nematoden (Fadenwürmer), Insekten und Pilze sowie mögliche »Synergieeffekte« gebietsfremder invasiver Arten, etwa die Ausbreitung von Schädlingen durch verwilderte Schweine (*feral pigs*).

In den engsten Kreis der vermuteten »Baumkiller« gehörten der *'ohi'a borer*, eine Käferart, deren Verhalten jenem mitteleuropäischer Borkenkäfer ähnelt, und der Wurzelpilz *Phytophthora cinnamomi*, der Baumwurzeln verfaulen lässt. Obwohl das Verbreitungsgebiet dieser Arten mit dem *Dieback*-Areal stark überlappte, stellten sie sich schließlich als Nutznießer des Waldsterbens heraus, keineswegs als dessen Verursacher. Gleiches galt für zunächst verdächtigte, im Boden lebende Bakterien. Aber: Die aufwendige, jahrelange Suche nach einem Schadorganismus führte zu keinem Ergebnis, jedenfalls nicht in Hinblick auf die Ursache des Waldsterbens.[21]

Es gab eine Handvoll Forscher, die das nicht überraschte. Es waren jene, die von Beginn an darauf hingewiesen hatten, *Dieback* könne ein natürliches Phänomen sein. Hauptvertreter dieser Hypothese war der deutschstämmige Forstingenieur Dieter Mueller-Dombois, seit 1971 Professor am Institut für Botanik der University of Hawaii. Bereits in seiner ersten Beschreibung aus dem Jahr 1968 findet sich der Hinweis, dass die betroffenen Flächen im Bereich der höchsten Niederschläge und der am stärksten vernässten Böden liegen.

Könnte es sich also schlicht um die Todesursache Stress durch ein natürliches Überangebot an Wasser von oben und unten handeln? Und damit – auf solchermaßen ungünstigem Substrat – um eine im Verlauf der Waldentwicklung durchaus erwartbare, vielleicht sogar wiederkehrende Erscheinung?

Mit anderen Worten: War das Phänomen möglicherweise völlig normal?

Ein lohnender Blick zurück

Hätte das kollektive Gedächtnis von Forstexperten, Wissenschaftlern und Bevölkerung in Hawaii besser funktioniert, wäre der Gesellschaft viel Aufregung erspart geblieben. Denn das Absterben großer *Ohia*-Bestände wurde schon zu Beginn des 20. Jahrhunderts ausführlich beschrieben, damals als *Maui forest trouble* auf der nur wenige Kilometer entfernten Nachbarinsel Maui.[22]

Das dortige *Dieback*-Areal lag auf der Ostflanke des Vulkans Haleakala (*Ko'olau*) in einem Höhenintervall von circa 300 bis 1000 Metern und hatte eine Ausdehnung von etwa 1200 Hektar. Erste Berichte über das Baumsterben stammten aus dem Jahr 1906, doch nahm man an, dass es in der kaum besiedelten Gegend schon unbestimmte Zeit zuvor eingesetzt haben musste.

Im Jahr 1907 besuchte der Forstinspektor Harold L. Lyon im Auftrag der *Hawaii Sugar Planters' Association* erstmals das betroffene Gebiet. Er verbrachte mehrere Wochen im Gelände und studierte das Phänomen sehr ausführlich, denn die Erhaltung des Regenwaldes war von fundamentaler Bedeutung für die nachhaltige Verfügbarkeit des Süßwassers auf der Insel und damit insbesondere auch für das Herzstück der lokalen Wirtschaft: die Zuckerrohrplantagen.

Lyon beobachtete einen Zusammenhang zwischen Hanglage und Gesundheit der dort überwiegend kleinwüchsigen (durchschnittlich nur fünf Meter hohen) *Ohia*-Bäume: Je steiler der Hang, desto länger überlebten die Bäume.

Interessanterweise schien dem Tod der Bäume das Absterben einer verbreiteten Lianenart vorauszugehen. Andere Baumarten im Gebiet waren kaum betroffen. In abgestorbenen *Ohia*-Beständen breiteten sich ein einheimischer Schlingfarn und das aus dem tropischen Amerika als Zierrasen nach Hawaii eingeschleppte Carabao-Gras rasch aus.

Auch damals wurde über eine Krankheit nachgedacht. Lyon stellte in diesem Zusammenhang eine Reihe von Überlegungen an. Er schloss angesichts des offensichtlichen Einflusses der Geländeform parasitische Pilze aus und verwarf zudem die Hypothese, Insekten könnten eine entscheidende Rolle spielen. Der Grund: Er fand kaum welche.

Stattdessen favorisierte er auffällige Bodeneigenschaften als denkbare Ursache des Baumsterbens. Er beobachtete, dass tiefere Bodenschichten beim Graben ein übel riechendes Gas freisetzten, das möglicherweise giftig für die Wurzeln war. Auf nassen Böden könnten Bakterien die Ursache seiner Entstehung sein. Somit ergab sich für Lyon bald ein relativ klares Bild: Das plötzliche und gleichzeitige Absterben der Bäume war auf die Aktivität von vermutlich eingeführten Bakterien zurückzuführen, und zwar im Zusammenwirken mit ungünstigem Lokalklima.

Es lässt sich also festhalten, dass Lyon bereits eine Kombination von Faktoren, nämlich bestimmte Geländeeigenschaften und Klima, die sehr nasse Standorte hervorbringt, als Voraussetzung des Absterbens großer Waldbestände ansah. Die angenommene Invasion durch nicht näher spezifizierte Bakterien und deren Aktivität in den Böden solcher Geländeabschnitte löste – seines Erachtens – das Massensterben aus.

Lyon kehrte in den nächsten Jahren immer wieder in sein Untersuchungsgebiet zurück und beobachtete die weitere Entwicklung, unter anderem das verbreitete Aufkommen junger *Ohia*-Bäume, überwiegend aus beziehungsweise auf dem Totholz der abgestorbenen Altbäume.

Diese Sprosse oder Schösslinge hielt er nicht für fähig, eines Tages wieder einen Wald aufzubauen. Somit schien es angebracht, andere, an das Leben in Sümpfen besser angepasste Baumarten aus tropischen Regionen der Erde einzuführen, um das Gebiet als Wasserreservoir zu erhalten.

Letztendlich kam Lyon zu einem aus heutiger Sicht sehr originellen Fazit. Da die einheimischen Wälder Hawaiis seiner Ansicht nach langfristig nicht zu retten seien, empfahl er, sie durch sorgfältig ausgewählte, an feuchte Standortbedingungen besser angepasste Wälder aus Importpflanzen zu ersetzen. Bemerkenswert ist dabei, dass Lyon nicht nur an Baumarten dachte, sondern ganze Waldgesellschaften – Sträucher, Lianen, Farne und sogar Moose – aus eingeführten Arten konstruieren wollte.

Bezüglich der einzuführenden Baumarten betonte er die Notwendigkeit, sie müssten niedrigwüchsig sein und geringen Holzertrag bringen, um sie vor einer *Zerstörung durch Profitgier* zu bewahren!

Schon sehr früh allerdings gab es Beobachtungen zur Regenerationsfähigkeit der *Ohia*-Bäume, die Lyons Einschätzung in Frage stellten. Der Forstexperte H. M. Curran begutachtete im Auftrag lokaler Forstbehörden das gleiche Areal im Jahr 1911 und schrieb:

»Eine nähere Untersuchung der betroffenen Bereiche zeigt die Rückkehr aller Elemente der ursprünglichen Pflanzendecke. Kräuter und Sträucher wandern schnell ein, die Bäume dagegen sehr langsam. Im unberührten Wald jenseits des vom Waldsterben betroffenen Abschnitts gibt es ältere Bereiche, wo Bäume abgestorben sind, wahrscheinlich durch die gleiche Kombination ungünstiger Bedingungen. Diese älteren Bereiche befinden sich in unterschiedlichen Stadien der Rückkehr zum normalen Waldzustand.«

Curran glaubte deshalb, dass das Sterben der Wälder kein neues und gefährliches Phänomen war, das zur völligen Zerstörung des lebenswichtigen wasserspeichernden Ökosystems führen würde. Nur in bestimmten Abschnitten mit eher schwierigen Standortverhältnissen (anhaltende Winde, hohe Niederschläge, staunasse Böden) können durch eine Kombination natürlicher Ungunstfaktoren gelegentliche Waldsterben auftreten.

Curran empfahl, die menschliche Einflussnahme auf die räumlich begrenzte Pflanzung von windabweisenden Bäumen zu beschränken und so die natürliche Waldentwicklung zu unterstützen: »Es ist zu erwarten, dass sich der Wald auch dort, wo er nicht tief wurzeln kann, von selbst wieder etabliert.«

Dass sich der Regenwald in den Jahrzehnten nach dem Baumsterben ganz offensichtlich von selbst erholte, fiel auch anderen Experten auf. Der Botaniker Charles N. Forbes beobachtete 1920 im gleichen Naturraum sehr vitalen *Ohia*-Jungwuchs. In seinen Aufzeichnungen findet sich mehrfach der Vermerk: »verbreiteter Aufwuchs von *Ohia*«; er hat seine Eindrücke auch auf Fotografien festgehalten.

Bemerkenswert ist in diesem Zusammenhang ferner ein Zeitungsartikel im »Honolulu Advertiser« vom 9. September 1923 mit der Überschrift »Unnötige Eile bei der Wiederaufforstung«. Es handelt sich um den Bericht über eine Debatte zu Ficus-Baumpflanzungen in den *Dieback*-Flächen auf Maui. Demnach stellten sich Mauis Zuckerrohr-Farmer gegen den Aktivismus der Forstleute. Sie argumentierten, dass überall auf den Berghängen sehr vitaler, natürlicher Baumaufwuchs (in Kombination mit einheimischen Lianen und Schlingfarnen) zu beobachten sei, was nach ihrer *Erfahrung* schlicht die für die Wasserrückhaltung am besten geeignete Pflanzendecke sei.

Nun aber zurück zum Waldsterben der 1970er Jahre.

Allmähliche Entwirrungen auf einer Insel

Als bis 1975 weder »Krankheiten« noch Schadorganismen als Ursachen des *Dieback* dingfest gemacht werden konnten, rückten zunehmend die allgemeinen Lebensbedingungen der *Ohia*-Bäume in den Blickpunkt des Interesses.

Ihre Heimat, die Inselgruppe Hawaii, ist vulkanischen Ursprungs, die Wälder liegen an den Hängen relativ junger bis sehr junger Schildvulkane und damit auf einem Flickenteppich unterschiedlich alter Lavaströme und Aschedecken. Der Botanik-Professor Mueller-Dombois vermutete deshalb eine auf gleich alten Standorten einheitliche Altersstruktur der *Ohia*-Populationen (also *Kohorten*, ähnlich wie in einem gepflanzten Forst), die ein gleichzeitiges Altern und schließlich Absterben der Bestände bedingt (*Kohortensterben*). Dieses könnte durch natürliche, die Bäume belastende Ereignisse, beispielsweise anhaltende Trockenheit oder außergewöhnliche Starkregen (sogenannte *Trigger*), ausgelöst werden.

Am Rande sei hier auch erwähnt, dass damals hinter vorgehaltener Hand noch eine weitere mögliche Ursache des Waldsterbens auf der Insel Hawaii diskutiert wurde: geheime Tests für das später im Vietnamkrieg eingesetzte Entlaubungsmittel »Agent Orange«. Für einen eng begrenzten Landschaftsausschnitt könnte das sogar stimmen, denn mitten im Regenwald unweit des Stainback Highway südwestlich der Inselmetropole Hilo finden sich noch heute betonierte Fundamente, die angeblich als Träger von Abschussrampen für diese Tests angelegt wurden.

Nachdem fünf Jahre der auf Schadorganismen fokussierten Ursachenforschung im Sande verlaufen waren, erhielten Mueller-Dombois und seine Forschergruppe ab 1975 insgesamt rund eine halbe Million US-Dollar zur Bearbeitung der von ihnen entwickelten Hypothesen.[23] Die Wissenschaftler legten zahlreiche Untersuchungsflächen in den Bergwäldern entlang der Ostflanken von Mauna Loa und Mauna Kea an und konnten zunächst bestimmte Bodeneigenschaften mit dem *Dieback* in Zusammenhang bringen. In Abhängigkeit vom jeweiligen Standort unterschieden sie fünf Typen des Waldsterbens auf recht unterschiedlichen Substraten, die von sehr nass bis sehr trocken reichten, und außerdem von sehr jung (vulkanische Asche) bis relativ alt (ausgelaugte, toxische Böden auf jahrtausende alten Lavaströmen).

Gleichzeitig konnte ab Mitte der 1970er Jahre eine sehr vitale neue Generation von *Ohia*-Bäumen in den abgestorbenen Wäldern beobachtet werden. Somit kamen die Forscher schon bald zu dem Schluss, es handle sich nicht um ein Waldsterben im eigentlichen Sinne, sondern eher um eine großflächige Waldverjüngung.

Am Ende des zehnjährigen Untersuchungszeitraumes war bereits von einer zügigen Erholung der Bestände auszugehen. Auf Grundlage dieser Ergebnisse wurde ein Wald-Modell erarbeitet, das die Etablierung einer neuen *Ohia*-Kohorte nach dem Absterben der großen alten Bäume vorhersagte. Von zentraler Bedeutung ist dabei ein demografischer Aspekt: Am Beginn der Kohortendynamik steht vermutlich eine großflächige Störung (z. B. ein Vulkanausbruch), die erst die Etablierung ungefähr gleichaltriger Baumindividuen auf der Störfläche ermöglicht.

Damit ist aber bereits auch die Anfälligkeit des Bestandes für ein späteres großflächiges Waldsterben vorprogrammiert, die Kohorte ist sozusagen für ein Massensterben vorbestimmt. Denn wie eine Schulklasse altern die Bäume synchron: Sie etablieren sich ungefähr gleichzeitig auf einem jungen Lavastrom oder einer Aschedecke, bauen ein allmählich dichter werdendes Kronendach auf und werden in hohem Alter anfälliger für Krankheiten. Letztlich sterben sie auch ungefähr gleichzeitig. Je nach Vitalität beziehungsweise Alter der Kohorte sowie Häufigkeit und Schwankung eines wirkenden Umweltstresses kann der Bestandszusammenbruch dann allmählich, abrupt oder stufenweise erfolgen.

Heute, etwa ein halbes Jahrhundert später, haben sich auf vielen ehemaligen Waldsterbeflächen dichte, junge Bestände aus *Ohia*-Bäumen etabliert.[24] Diese vitalen Kohorten schicken sich an, eine neue Kronenschicht aufzubauen. Die durchschnittliche Lebenserwartung der Bäume wird auf 300 bis 400 Jahre geschätzt. Etwa so lange würde es unter normalen Umständen dauern, bis die jeweilige Kohorte wieder anfällig für ein Massensterben wird.

Der letztlich durch das Zusammenspiel von vulkanischer Aktivität und Baumkohorten vorgezeichnete Rhythmus steckt wohl seit Urzeiten in dieser Landschaft. Dass natürliche Waldsterben untrennbar zum Ökosystem Regenwald in Hawaii gehören, legen die historischen Berichte von Lyon und Curran von der Insel Maui aus dem frühen zwanzigsten Jahrhundert ebenso nahe wie die noch ältere Beschreibung von F. L. Clarke aus dem Jahr 1875. Er nannte das Phänomen nicht *Dieback*, sondern »Decadence« des Waldes und beobachtete selbige auf der Hawaii-Insel Kauai.[25] Doch auch dieses historische Ereignis war von weit geringerer Ausdehnung als das Waldsterben im späten 20. Jahrhundert.

Ein Vorbote des Klimawandels?

Aufgrund der umfassenden Untersuchungen der 1970er und 1980er Jahre konnten also zahlreiche, zunächst naheliegend erscheinende Ursachen des Waldsterbens ausgeschlossen werden. Gleichzeitig zeichnete sich schon nach wenigen Jahren Forschung ab, dass Entwarnung gegeben werden konnte: Anstelle der Apokalypse stellte sich eine gut wüchsige neue Generation von bestandsprägenden Eisenholzbäumen ein, die dem Regenwald eine Zukunft versprach.

Es blieb aber weiterhin eine offene Frage, wodurch das Waldsterben seinerzeit eigentlich ausgelöst worden war.

Wo anströmende Luftmassen auf höheren Inseln eine permanente Wolkendecke erzeugen, sind Regen- und Nebelwälder verbreitet, in denen *epiphytische*, also auf anderen Pflanzen wachsende, Moose und Farne die Bäume bedecken. In Bezug auf Klimaänderungen zählen diese Ökosysteme zu den sensibelsten der Welt. Sie sind sozusagen Horchposten, die fast seismografisch Prozesse registrieren und vorzeichnen, die in den ausgedehnten, robusteren Ökosystemen der Kontinente noch nicht wahrnehmbar sind.[26] Das gilt für die Bergregenwälder Hawaiis ebenso wie für viele andere auf den pazifischen Inseln.

Zur Beschreibung der komplexen atmosphärischen und ozeanischen Strömungen im Pazifikraum wird der Begriff ENSO (*El Niño Southern Oscillation*) verwendet. Diese Oszillation ist eine Art »Luftdruckschaukel« über dem Pazifischen Ozean, definiert als der Luftdruckunterschied zwischen der Insel Tahiti und der nordaustralischen Stadt Darwin. Extrem negative Werte, verursacht durch relativ geringen Druck über Tahiti und relativ hohen Druck über Darwin und die daraus resultierenden Luft- und Meeresströmungen, werden als (warme) *El-Niño-Ereignisse* bezeichnet. Umgekehrte Verhältnisse liegen bei (kalten) *La-Niña*-Ereignissen vor. Etwa alle zwei bis fünf Jahre tritt eine der beiden Anomalien auf.

El-Niño-Ereignisse erzeugen trockenere, wärmere und sonnigere Bedingungen als in den feuchten Tropen sonst üblich und können erwiesenermaßen starke Effekte auf das Verhalten von Pflanzen in verschiedenen Ökosystemen haben. Es liegt also nahe, einen direkten Zusammenhang zwischen dem Auftreten von Klimaanomalien und Waldsterbephasen beziehungsweise der Populationsdynamik von Baumarten zu vermuten.

Betrachtet man die Anomalien seit 1950, so stechen die extremen El-Niño-Ereignisse 1982/83 und 1997/1998, sogenannte *Super-El Niños*, hervor. Zeitgleich kam es zu neuen Waldsterbephasen auf Hawaii. Doch schon in den frühen 1970er Jahren sind große Schwankungen der Südlichen Oszillation zu verzeichnen, und zwar zwischen Februar 1970 und November 1973.[27] Sie lassen sich analog in den Niederschlagsverläufen dieser Zeiträume wiederfinden und dürften bei vielen Bäumen eine Häufung von Stresssituationen bedingt haben, insbesondere dort, wo durch flachgründige, nährstoffarme Böden ohnehin eine hohe Belastung des pflanzlichen Organismus gegeben ist.

Dass trockene El-Niño-Phasen manchmal mit einer erhöhten Sterblichkeit von Regenwaldbäumen zusammenfallen, war schon damals gelegentlich aufgefallen. Mueller-Dombois vermutete deshalb als Ursache des Waldsterbens ein extremes Klimaereignis in den 1950er Jahren, das eine frühe Schädigung der Bäume hervorgerufen haben könnte. Konkret bezog sich diese Vermutung auf das Jahr 1953, als es zu einer extremen Dürre kam, auf die 1954 sehr hohe und anhaltende Niederschläge folgten. Damals wurde erstmals ein zunächst auf 120 Hektar begrenztes Waldsterben im Gebiet wahrgenommen.[28]

Doch wohl erst im Zuge einer (bis dato vermuteten) Häufung von Klimaextremen in den folgenden Jahrzehnten entwickelte sich das *Dieback* zu einem landschaftsprägenden Phänomen, in vielen Abschnitten begünstigt durch problematische Bodeneigenschaften wie Staunässe und Nährstoffarmut, die eine entscheidende Rolle beim tödlichen Verlauf des Prozesses spielten. Luftbilder von 1965 zeigen, dass die 120 Hektar mit toten Bäumen auf circa 16 000 Hektar angewachsen waren. 1972 waren es bereits 34 500 Hektar.

Kann also das Waldsterben der 1970er Jahre bereits mit einer nachweisbaren Veränderung des Klimas in Verbindung gebracht werden? War es, anders gefragt, ein frühes Symptom des inzwischen weltweit greifbaren Klimawandels?

Ein eindeutiger Zusammenhang zwischen Klima, Wetter und Baumtod konnte damals noch nicht hergestellt werden, auch weil das Netz der Klimastationen auf der Insel Hawaii dafür viel zu dünn war.[29] Die betroffenen Wälder lagen in einem Höhenintervall zwischen etwa 400 und 1500 Meter über dem Meer, weit verstreut in einem Gebiet von mehr als 1000 Quadratkilometern.

In dieser weitläufigen Landschaft gab es nur zwei langfristig aufzeichnende Stationen, nämlich die Station »National Park Headquarters« im Hawaii Volcanoes National Park (1214 m ü. d. M., seit 1916 aufzeichnend), am äußersten Südrand des Gebietes, und die zwölf Kilometer weiter nördlich gelegene Station »Kulani Camp« (1575 m ü. d. M., seit 1952 durchgehend aufzeichnend) im staatlichen Gefängnis, das inmitten des undurchdringlichen Regenwaldes liegt. In der gesamten Nordhälfte des riesigen Areals gab es überhaupt keine langfristig aufzeichnende Klimastation.

Erschwerend kam hinzu, dass die Werte dieser einsamen Stationen – obwohl in vergleichbarer Höhenlage gemessen – vor allem eines offenlegten: Niederschläge können entlang einer Bergkette auch in Hawaii lokal sehr unterschiedlich fallen. Während beispielsweise die eine Station ein starkes Niederschlagsereignis verzeichnete, regnete es an der anderen Station des Öfteren gar nicht – und umgekehrt. Beide Stationen wiederum zeigen oft völlig andere Werte als die auf Meereshöhe gelegenen Stationen entlang der Küste. Somit war es nicht verwunderlich, dass bei Betrachtung von Daten dieser so verschieden positionierten Klimastationen in Hawaii in den 1980er Jahren kein Zusammenhang mit dem Waldsterben nachgewiesen werden konnte.

Das schließt jedoch einen Zusammenhang nicht aus.

Ausgehend von der Annahme, dass klimatische Extreme für das Verhalten von Pflanzen bedeutender sind als Durchschnittswerte und dass lediglich Klimastationen aus der Bergwaldstufe auch für die dort wachsenden Bäume gültige Informationen liefern, liegt es dennoch nahe, einen genaueren Blick auf die Temperatur- und Niederschlagsdaten der beiden Stationen im fraglichen Zeitraum zu werfen.

Die Monatswerte der Niederschläge belegen, dass im Zeitraum von 1970 bis 1984 an der Station »National Park Headquarters« Anomalien gehäuft auftraten. Die entsprechende Analyse für die Station »Kulani Camp« ergibt einen statistisch signifikanten Unterschied beim Vergleich der Daten von 1955 bis 1969 und dem Zeitraum ab 1970. Für diese Station ist festzustellen, dass die ab den 1970er Jahren verstärkt auftretenden Anomalien immer noch andauern. Die Schwankungen sind im Bereich »Kulani Camp« durchweg größer, ihr Ausmaß nimmt im Laufe des Untersuchungszeitraumes immer weiter zu.

Anfang 1970 wurde zum ersten Mal an beiden Stationen eine Dürreperiode registriert. Nach Extremniederschlägen im Januar 1971 folgte im Sommer des gleichen Jahres eine erneute Dürre. Eine solche Abfolge außergewöhnlicher Ereignisse ist seit dem Beginn der Wetteraufzeichnungen am Kilauea vor über hundert Jahren einzigartig geblieben. Auch die Extremniederschläge von 1980 und die Extremdürre im Zuge des sogenannten *Super-El Niño* im Jahre 1983, wurden an beiden Stationen aufgezeichnet.

Die Daten lassen vermuten, dass die mögliche Ursache des *Dieback* wohl in einem Zusammenspiel von häufigeren Wechseln feuchter und trockener Phasen und der Häufung absoluter Extremwerte liegen könnte. Die geschilderten Extreme müssen weitreichende Auswirkungen im Regenwald gehabt haben, auch unterhalb der absterbenden Baumkronen. Der Verlust des Kronendachs bewirkt eine veränderte Licht- und Wasserverfügbarkeit für Baumkeimlinge und andere Pflanzen des Waldunterwuchses. Insbesondere Dürren können in Regenwäldern eine erhöhte Samenproduktion und Keimungsrate sowie starkes Wachstum der Pflanzen in den unteren Waldstockwerken auslösen.

Das massenhafte Auftreten von *Ohia*-Keimlingen zur Mitte der 1970er Jahre und die heute daraus resultierende neue Generation von *Ohia*-Bäumen legen nahe, dass die Kohortendynamik im Regenwald Hawaiis ein anhaltendes Phänomen ist, auch ohne direkten Einfluss von Vulkanausbrüchen. Das könnte zugleich das über Jahrtausende hinweg immer wieder schwankende Auftreten von *Ohia*-Pollen erklären, der in paläoökologischen Studien nachweisbar ist. Demnach kam es im Verlauf der letzten 10 000 Jahre durchschnittlich alle circa 600 Jahre zu einem starken Rückgang des Pollenniederschlags. Dieser Rhythmus würde der angenommenen Dauer des Lebenszyklus einer *Ohia*-Kohorte ungefähr entsprechen.

Kassandra und die schöne Spur

Ähnlich wie in Deutschland bleibt somit auch in Hawaii eine Klimaanomalie beziehungsweise eine Häufung von Anomalien die naheliegendste – und letztlich einfache – Erklärung für das großflächige und weitverbreitete Waldsterben, und zwar in Kombination mit bestimmten anderen Ungunstfaktoren, etwa schwierigen Bodeneigenschaften oder einer gleichförmigen Altersstruktur der Wälder.

Im Rückblick scheint bei der Wahrnehmung dieser beeindruckenden Waldsterben durch die jeweilige Öffentlichkeit ein zentrales Element hervorzustechen: die Neigung zur pessimistischen Übertreibung in politischen, gesellschaftlichen und wissenschaftlichen Debatten. Besonnene und abwägende Stimmen, eigentlich von Beginn an erhoben, fanden erst im Lauf der Zeit Gehör.

Reinhard Hüttl hat dieses Phänomen als »negatives Kassandra-Syndrom« bezeichnet.[30] Während die Kassandra der griechischen Mythologie heraufziehende Katastrophen sicher vorhersagen konnte und niemand ihr Glauben schenkte, reagieren postmoderne Gesellschaften eher umgekehrt: Es wird fest an bevorstehende Katastrophen geglaubt, die letztendlich aber ausbleiben. Dabei sind viele besorgniserregende Phänomene Ausdruck mehr oder weniger normaler Vorgänge, auch außerhalb von Wäldern. Und selbst dort, wo Vorgänge nicht normal sind, sind ihre Konsequenzen auf lange Sicht oft weniger schwerwiegend als zunächst angenommen.

Es besteht eine Lust am Besonderen, die uns dazu bringt, für viele Ereignisse zunächst eine *nicht* naheliegende Erklärung zu suchen. Wir neigen dazu, interessante Erklärungen den banalen vorzuziehen. Der Wissenschaftstheoretiker Gerhard Hard hat dies als die »Theorie der schönen Spur« bezeichnet, wonach für so manchen Suchenden gilt, dass …

»... jedenfalls die interessantere Hypothese vorzuziehen sei, und es liegt in der Richtung seines Gedankens, gegebenenfalls eine zutreffendere Hypothese wegen ihres Mangels an Interessantheit abzuweisen.«[31] Eine abwegige und (vermeintlich) neue Erklärung, wofür auch immer, ist faszinierend. Deshalb beschäftigen wir uns lieber ausführlich mit ihr, als das Normale, Naheliegende, schon Bekannte (also Langweilige) anzuerkennen und anzunehmen. Dieser Mechanismus steht uns beim sachlichen Umgang mit scheinbar neuen oder unbekannten Phänomenen in der Natur im Wege. Viele Menschen scheinen anfällig, der Faszination solcher »schönen Spuren« zu erliegen.

Während Bäume überwiegend langlebige Organismen mit einer Lebenserwartung von mehreren Hundert Jahren sind, ist die Unstetigkeit menschlicher Gesellschaften, auch angesichts unserer relativen Kurzlebigkeit von durchschnittlich deutlich weniger als einem Jahrhundert, enorm. Und das prägt unseren Umgang mit dem Wald ebenso wie unser Verständnis der in diesem Typ von Ökosystemen ablaufenden Vorgänge.

Eine seltsame Häufung von Waldsterben

So wenig das *Dieback* der 1970er und 1980er Jahre ein einmaliges Ereignis in den Regenwäldern Hawaiis war, so wenig waren vergleichbare Baumsterben auf diese Inselgruppe beschränkt. Ähnliche Vorgänge wurden etwa zeitgleich auch aus anderen Waldökosystemen des Pazifikraumes und angrenzender Regionen gemeldet. Dem hawaiianischen *Dieback* vergleichbare Phänomene gab es unter anderem in Neuseeland, Australien (mit Tasmanien), Neukaledonien, Neuguinea, Japan und Galapagos, auf dem amerikanischen Festland in Alaska und Patagonien.[32]

In Neuseeland etwa war ebenfalls eine Eisenholzart betroffen, das über 40 Meter Höhe erreichende Nordinsel-Eisenholz (*Metrosideros robusta*), und auch in diesem Inselstaat nahm die Ideengeschichte über das Waldsterben einen ähnlichen Verlauf wie in Hawaii: Zuallererst bezichtigte man aus Übersee eingeschleppte, sogenannte gebietsfremde Arten, Auslöser des unheimlichen Phänomens auf der Nordinsel zu sein, und das ohne einen echten Beleg.

Erster Hauptverdächtiger war die baumbewohnende, aus Australien eingeführte Beuteltierart Fuchskusu (*Australian brush-tailed possum*), die nachtaktiv ist und sich von den Blättern der Bäume ernährt. Auch Insektenkalamitäten wurden in einer Studie in Erwägung gezogen. Man führte die Entlaubung der Bäume also schlicht darauf zurück, dass die Blätter entweder gefressen wurden oder Fraßschäden die Bäume so schwächten, dass sie anfälliger für Erkrankungen, zum Beispiel durch Pilzbefall, wurden, an denen sie letztendlich zu Grunde gingen.

Wirklich belastbare Daten oder wenigstens systematische Beobachtungen gab es dazu aber kaum. Überlegungen, die Waldschäden könnten einen anderen Hintergrund haben, wurden erst gar nicht verfolgt, und so blieb – wie in Hawaii – die Ursache dieses Waldsterbens im Dunkeln.

Mueller-Dombois hat solche auffallend auf *ausländische* Schadorganismen gerichteten Vorannahmen später einmal ironisch als »politisch korrekte Erklärungen«[33] für Waldsterbephänomene bezeichnet – ein starker Verweis auf die offensichtlich weit verbreitete Tendenz, Waldsterben aus dem Blickwinkel der jeweiligen gesamtgesellschaftlichen Überzeugung beziehungsweise vorherrschenden Zeitströmung heraus zu betrachten und zu bewerten, anstatt unvoreingenommen und weitestgehend objektiv an das Problem heranzugehen.

Im Lauf der 1980er Jahre wurde auch die *Dieback*-Forschung in Neuseeland differenzierter, zumal inzwischen recht verschiedene Waldtypen betroffen waren, sogar auf der Südinsel. Während einige Wissenschaftler weiterhin fest an den Fuchskusu als Urheber der Schäden glaubten, zogen andere nun auch ungünstige Standortverhältnisse und die Altersstruktur bestimmter Wälder als Vorbedingungen der erhöhten Baumsterblichkeit in Erwägung.

Als interessante Parallele zu Hawaii fällt dabei die Kohortenstruktur der Populationen einer weiteren Eisenholzart namens *Rata* (Südinsel-Eisenholz, *Metrosideros umbellata*) auf. Analog zu den vulkanischen, durch Lavaströme und Ascheniederschlag hervorgerufenen Störflächen in Hawaii wird hier der Ursprung für die Gleichaltrigkeit der Bestände auf großflächige Hangrutschungen zurückgeführt, die eine ungefähr gleichzeitige Besiedlung der betroffenen Geländeabschnitte durch Baumkeimlinge erst ermöglichten.

Bis etwa Mitte der 1980er Jahre wurden die Waldsterben im Pazifikraum als lokale Phänomene betrachtet und noch nicht mit der Vorstellung eines übergreifenden Mechanismus oder gar eines globalen Klimawandels in Verbindung gebracht. Es gab weder Internet noch soziale Medien, die heute einen sekundenschnellen, erdumspannenden Gedankenaustausch ermöglichen, und es gab unter Wissenschaftlern noch nicht einmal die grundsätzliche Erwartung, sich in einer Sprache – Englisch – über derlei Beobachtungen zu verständigen. Manche Waldsterben, etwa das in Neukaledonien, wurden gar nur zufällig und am Rande wahrgenommen, ohne zeitnah Gegenstand einer wissenschaftlichen Studie oder gesellschaftlichen Debatte zu sein.

Immerhin schien es irgendwann naheliegend, über die merkwürdige Gleichzeitigkeit der Waldsterbephänomene im und um den Pazifikraum nachzudenken. Gab es einen Zusammenhang, und wie konnte der aussehen? Welche räumlich übergeordneten Faktoren kamen in diesem riesigen Raum – bei aller Verschiedenheit der betroffenen Wälder und Landschaften – als gemeinsame Steuergrößen der scheinbar synchron ablaufenden Waldsterbephasen in Frage?

Waldsterben – ein globales Phänomen?

Zu Beginn der 1990er Jahre nahm sich ein ehemaliger Mitarbeiter der kanadischen Forstbehörde *Forestry Canada*, Allan N. D. Auclair, des Rätsels an. Er hatte sich zuvor bereits in einer vergleichenden Untersuchung mit den jüngsten Waldsterben in Alaska, British Columbia und dem pazifischen Nordwesten der Vereinigten Staaten befasst. Ihn beschäftigte die Frage, wie Waldsterben in Gebieten ohne nennenswerte Luftverschmutzung zu erklären sind.[34]

Anders als in Hawaii lagen für den Bereich der Rocky Mountains und der Pazifikküste der Vereinigten Staaten (ohne Alaska) jährliche Waldstatistiken für die Jahre 1890 bis 1990 vor. Demnach hatte sich von 1920 bis 1985 die Baumsterblichkeit pro Jahr nicht wesentlich verändert. Doch nach 1985 erhöhten sich die Gesamtverluste plötzlich enorm. Natürliche Ursachen wie Waldbrände und Schädlinge trugen laut Statistik zur erhöhten Sterblichkeit, der sogenannten Mortalität, der Bäume bei, aber Waldbrände waren letztlich nichts anderes als eine Folge von Dürren, auf die der katastrophale Anstieg vermutlich zurückging.

Auclair faszinierte die Hypothese, dass die Waldsterben im *Pacific Rim*, also an den Rändern des pazifischen Beckens von Neuseeland nach Norden, über Australien, Neuguinea, China, Alaska, Kanada und die amerikanische Westküste südwärts hinab bis nach Patagonien eigenen, natürlichen Gesetzmäßigkeiten folgten. Diese Überlegung war bereits von zwei Seiten vorbereitet worden: Zum einen von Mueller-Dombois' Fazit nach zehn Jahren *Dieback*-Forschung in Hawaii, zum anderen von einem Mitarbeiter des *Oak Ridge National Laboratory* in Tennessee, Samuel B. McLaughlin.

McLaughlin hatte schon 1985 Forschungsergebnisse zu den Auswirkungen von Luftverschmutzung, die auf die zunehmende Verbrennung fossiler Brennstoffe zurückging, auf Wälder in den USA und Deutschland ausgewertet. Demnach war das Wachstum der von Waldsterbesymptomen betroffenen Bäume in den 20 bis 30 Jahren vorher, also etwa seit der Mitte der 1950er Jahre, überall deutlich zurückgegangen. In diesem Zeitraum war es auch zu einem deutlichen Anstieg der Schwefeldioxid-Emissionen gekommen. »Saurer Regen« war aber sowohl in Deutschland als auch in Nordamerika nicht durchweg für Waldsterben verantwortlich zu machen.

Deshalb stellte McLaughlin ohne Umschweife heraus, dass es im gleichen Zeitraum bereits zu großräumigen Klimaveränderungen gekommen sei, die bei jeder Analyse unbedingt zu berücksichtigen seien.[35] Diesen regional wirkenden zusätzlichen Stressfaktor hielt er zumindest für mitverantwortlich, und so kam er zu dem Schluss, dass Klimawandel und Luftverschmutzung interagierende, gemeinsame Auslöser der Waldsterben sein könnten. Dabei mussten die Baumsterben im Westen der USA und im Pazifikraum angesichts der Abwesenheit starker Luftverschmutzung offensichtlich eher Ausdruck eines natürlichen Stressfaktors sein, während sie im Osten der USA, etwa im Bereich der Appalachen, eher Ausdruck der dort nachweisbaren Luftverschmutzung sein dürften.

Mit anderen Worten: Auch die zahlreichen Waldsterben am Westrand des amerikanischen Kontinents konnten nicht plausibel mit Luftverschmutzung in Verbindung gebracht werden.

Auclair griff diesen Gedanken auf, zog alle verfügbaren Beobachtungen und Forschungsergebnisse über das *Dieback* in Hawaii zusammen und wertete sie systematisch aus. Zusätzlich sammelte er Informationen aus den zahlreichen Untersuchungen über andere dokumentierte Waldsterben jener Zeit aus dem gesamten Pazifikraum.

Es war auffallend, dass in erster Linie Bäume der Kronenschicht, also *große* Bäume, von *Dieback* betroffen waren. Zugleich waren fast immer nur die Individuen *einer*, meist dominanten Baumart betroffen, die sehr häufig auch noch *einer* Kohorte angehörten. Nach Auswertung aller Untersuchungen blieb nur eine einzige logische Möglichkeit übrig, die das Muster der Absterbeprozesse von Bäumen der Kronenschicht erklärte: *Kavitation*.

Was ist das?

Wenn Bäume unter Lichteinfall Fotosynthese betreiben und dabei über ihr Laub Wasser verdunsten, wird der Wassernachschub durch den entstehenden Unterdruck aus dem Wurzelraum nach oben gesogen, und zwar durch feine, senkrecht im Stamm angeordnete Gefäße, das sogenannte *Xylem*. Die kapillaren Wasserfäden im Xylem werden durch die Anziehungskraft der Wassermoleküle zusammengehalten.

Dieser Mechanismus wird jedoch durch die Größe beziehungsweise Höhe eines Baumes und die dem Kapillarsog (auch Transpirationssog) entgegenwirkende Schwerkraft begrenzt. Mit zunehmender Baumhöhe wird die Aufgabe physikalisch schwieriger. Man nennt dies hydraulische Limitierung – je höher der Baum und je feiner die wasserführenden Gefäße, desto größer ist die auf den Wasserfaden wirkende Zugkraft. Wird die Zugbelastung zu groß, entstehen winzige Dampfblasen, und der Wasserfaden im Xylem reißt ab. Es kommt zu einer Embolie, die das Xylem beschädigt und tödlich verlaufen kann, falls der Baum nicht in der Lage ist, den Wasserstrom über benachbarte Gefäße umzuleiten. Diesen Vorgang bezeichnet man in der Botanik als Kavitation. Eine im Alter veränderte Struktur der wasserführenden Gefäße hoher Bäume könnte die Vermeidung beziehungsweise Abpufferung der Kavitation erschweren.

Auf Grundlage dieser Hypothese definierte Auclair *Dieback*-Symptome als »Kavitations-Fehlfunktion« infolge mangelnden oder fehlenden Wassertransports in die Baumkrone. Wenn Wasserkapillaren bei plötzlicher, starker Transpiration (z. B. bei rascher Auflösung einer Wolkendecke nach anhaltenden Niederschlägen) zu starker Spannung ausgesetzt sind, kommt es durch das Abreißen des Wasserfadens zur Unterbrechung der Wasserversorgung der Baumkrone. So wird das typische *Dieback*-Symptom – das Absterben der Baumkronen von den äußeren Zweigen hin zum Stamm – erklärbar.

Unter Einbeziehung aller Fakten kam Auclair zu einer weiteren logischen Schlussfolgerung: Die Waldsterben der 1970er und 1980er Jahre können im gesamten Pazifikraum auf Wasserstress zurückgeführt werden. Vier Typen von starken Klimaereignissen könnten demnach irreparable Kavitationsschäden der Bäume in pazifischen Wäldern auslösen: erstens trockenheiße Wetterlagen nach anhaltenden, ungewöhnlich hohen Niederschlägen; zweitens eine plötzliche Auflösung der für die Bergwaldstufe typischen Wolkendecke durch kurze, kräftige Hochdrucklagen; drittens Staunässe oder zumindest kurzfristige Überschwemmungen nach Extremniederschlägen; und viertens anhaltende Dürreperioden während der El-Niño-Ereignisse.[36]

Grundsätzlich können alle abrupten Wechsel von sehr feuchten zu sehr trockenen Bedingungen als mögliche Auslöser von *Dieback*-Phänomenen in Betracht gezogen werden, vom Eukalyptus-Sterben in Australien bis zum *Ohia-Dieback* in Hawaii. Auclair warf dabei auch die Frage auf, ob die Waldsterben im östlichen Nordamerika und in Mitteleuropa nicht besser durch Fluktuationen des Klimas zu erklären seien.

Über das Auftreten von Kavitation und ihre genaue Wirkungsweise war damals noch sehr wenig bekannt, schon weil die technischen Möglichkeiten, sie am lebenden Objekt – also im Inneren von transpirierenden Bäumen – eingehend zu erforschen, kaum gegeben waren. Da die

Auswirkungen des Klimawandels auf Wälder im vergangenen Jahrzehnt in den Fokus der Waldforschung gerückt sind, hat sich unser Wissensstand in diesem Bereich zuletzt aber stark erweitert. Dazu später mehr.

Der Gedanke, lokale Waldsterben nicht nur in einem regionalen, sondern einem weltweiten Zusammenhang zu betrachten, reifte also erst im Laufe der 1980er Jahre heran. 1987 kam es erstmals während des Botaniker-Kongresses in Berlin, der unter dem Motto »Forests of the World« stattfand, zu einem Symposium, das *Dieback* in globaler Perspektive zum Gegenstand hatte. Dabei wurde deutlich, dass die europäische Waldforschung die Baumsterben fast ausschließlich auf Luftverschmutzung zurückführte, während sich die Forschung im Pazifikraum auf natürliche Ursachen konzentrierte. Dieter Mueller-Dombois argumentierte in seinem Beitrag entsprechend: »Bevor der Schluss gezogen wird, dass ein *Dieback* auf Bestandsebene eine vom Menschen verursachte Krankheit ist, sollten die natürlichen Faktoren berücksichtigt werden, die möglicherweise beteiligt sind.«[37]

Auch der renommierte schottische Botaniker Charles H. Gimingham stellte in seinem Fazit der Veranstaltung heraus, dass viele Waldsterben dem Verlauf der natürlichen Waldentwicklung innewohnende Phasen sind, also ein selbstverständlicher und erwartbarer Zustand. »Es muss akzeptiert werden, dass Ereignisse dieser Art Teil der normalen Vegetationsdynamik vieler Waldökosysteme sind, und dass es immer wichtiger wird, die Methoden der Populationsökologie auf ihre Untersuchung anzuwenden«, schrieb Gimingham[38].

Er regte damit an, immer zuerst nach naheliegenden natürlichen Steuergrößen eines Waldsterbens zu suchen, insbesondere der Altersstruktur des betroffenen Baumbestandes. »Gleichwohl«, so Gimingham, »ist die Waldsterbeproblematik eines der komplexesten Probleme, denen sich Ökologen jemals gegenübersahen, und wenn die Waldreserven der Welt erhalten bleiben sollen, ist es *das* Problem, das unsere unmittelbare Aufmerksamkeit erfordert.« (Hervorh. nicht im Original)

1991 wurde die Gleichzeitigkeit der Waldsterben im Pazifikraum und in Europa nochmals vertieft im Rahmen eines internationalen

Symposiums diskutiert. Waldsterben, kleinere Baumsterben und verwandte Prozesse aus der Schweiz, Frankreich, Großbritannien, Finnland, den USA, Kanada, Deutschland, Hawaii, Neuseeland, Australien, Neuguinea und Bhutan wurden vorgestellt, die jeweiligen Forschungsergebnisse in einer Synthese zusammengeführt und später in Buchform veröffentlicht.[39] Dies war und ist ein Meilenstein der regional und disziplinär übergreifenden Waldsterbensforschung und gleichzeitig auch eine Retrospektive zu zwei Jahrzehnten intensiver Forschung an diesem Problemkomplex.[40]

Anfang der 1990er Jahre erholten sich die Wälder fast überall. Die große rätselhafte Epoche der Waldsterben schien vorüber zu sein.

Klima, Wald und Wandel

Chronik eines absehbaren Problems

Es sollte nicht sehr lange dauern, bis das Thema »Waldsterben« in Deutschland erneut aufblitzte. Der außergewöhnlich heiße und trockene Sommer des Jahres 2003 und das vielerorts bis ins Frühjahr 2004 anhaltende Niederschlagsdefizit warfen bereits wieder die besorgte Frage auf, wie die Wälder, insbesondere die Schlüssel-Baumarten Fichte und Buche, dieses Ereignis verkraften würden. Zum ersten Mal seit 1976 waren sie wieder einer derartigen Trockenheit ausgesetzt.[41] Wenigstens waren sie nach dem massiven Rückgang des Schwefeldioxidausstoßes zumindest nicht mehr durch *diesen* Faktor zusätzlich geschwächt.

Zudem gab es laut Bundeswaldinventur[42] (durchgeführt 2001–2003, Stichtag 1. Oktober 2002) wieder mehr Wald: Seit 1987 war der Waldbestand in den alten Bundesländern gewachsen, und zwar von ungefähr 2,3 Milliarden Kubikmeter auf über 2,6 Milliarden Kubikmeter. Für Deutschland insgesamt – die Methodik der Bundeswaldinventur wurde im Erfassungszeitraum 2001 bis 2003 erstmals auch in den neuen Bundesländern angewendet – ergab sich ein Holzvorrat von 3,4 Milliarden Kubikmeter. Damit hatte Deutschland im Vergleich mit den europäischen Nachbarn die größten Holzvorräte und zusammen mit Österreich und der Schweiz die größten pro Hektar. In den alten Bundesländern waren im jährlichen Durchschnitt nicht weniger als 95 Millionen Kubikmeter Holz zugewachsen, allein dadurch wurden der Atmosphäre pro Jahr zusätzlich circa 87 Millionen Kubikmeter CO_2 entzogen.[43]

Die Menge des Holzvorrats hatte also ein für Deutschland neues Ausmaß erreicht. Mehr als ein Drittel bestand aus Laubbäumen, unter denen die Buche den größten Anteil hielt. Ein weiteres gutes Drittel lag beim wichtigsten Nutzholz, der Fichte, gefolgt von der Kiefer mit über 20 Prozent Anteil.

Als sich die Folgen der Trockenperiode 2003/2004 zeigten, ließen die altbekannten Schlagzeilen nicht lange auf sich warten. »Waldsterben bricht alle Rekorde«, betitelte Der Spiegel am 8. Dezember 2004 einen Artikel über die Vorstellung des jährlichen Waldschadensberichtes durch das zuständige Bundesministerium für Verbraucherschutz, Ernährung und Landwirtschaft. Die Schäden hatten gegenüber dem Vorjahr um acht Prozent zugenommen. 2002 hatte die deutlich geschädigte Waldfläche noch bei bundesweit 21 Prozent gelegen, 2003 bei 23 Prozent.[44]

Die lang anhaltende Trockenheit des extremen Sommers 2003 und *hohe Ozonwerte*[45] hätten Wälder getroffen, die »bereits durch anhaltende Säure- und andere Belastungen aus der Luft geschwächt« seien, sagte die Ministerin Renate Künast. Sie nannte neben der Trockenheit die »hohe Belastung der Böden mit Schwefel, Stickstoff, Schwermetallen und Ammoniak, durch die Wurzelbildung und Nahrungsaufnahme der Pflanzen beeinträchtigt« würden, als Grund der Misere. »Eine Prognose zur weiteren Entwicklung der Wälder sei kaum zu wagen. Selbst wenn es keine zusätzlichen Belastungen mehr gäbe, bräuchten die Bäume viele Jahre zur Erholung.«[46] Umweltminister Jürgen Trittin trat flankierend auf und warf Stickstoffeinträge durch die Landwirtschaft gleich mit in den Topf. »Gülle killt den Wald«, sagte er.

Interessant ist hier der merkwürdige, scharfe Kontrast zur überaus optimistischen Vorstellung der Bundeswaldinventur wenige Wochen zuvor durch das gleiche Ministerium. Der Spiegel schrieb, die aktuelle Inventur sei wegen der positiven Entwicklung »von Schreckensmeldungen weit entfernt«.[47] Der Trend gehe hin zum Mischwald mit Laubbäumen, während Nadelbaum-Monokulturen sukzessive reduziert würden. Rund 73 Prozent des Waldes seien »gemischt«, und damit nähere sich der Wald seinem »ursprünglichen Erscheinungsbild, denn eigentlich würde in Deutschland von Natur aus vor allem Laubwald wachsen. (...) Heute weist der Report fast 15 Prozent des Waldes wieder als ›sehr naturnah‹ aus, weitere 20 Prozent gelten als ›naturnah‹. Das bedeutet, dass auf über einem Drittel der 11,1 Millionen Hektar großen Waldfläche in Deutschland weitgehend die Baumarten wachsen, die auch ohne Menschenhand vor Ort gedeihen würden.«

Bei der Vorstellung der Bundeswaldinventur schien es sich um eine Art Verkaufsveranstaltung für Holz aus deutschen Wäldern zu handeln. Entsprechend euphorisch äußerte sich der Staatssekretär aus dem Verbraucherministerium, Matthias Berninger: »Mit 3,4 Milliarden Kubikmeter Holz liegt der deutsche Wald in Europa an der Spitze.« Im Spiegel heißt es weiter: »Damit nicht genug: In den alten Bundesländern sprießen die Bäume schneller, als die Experten vermutet hatten. (...) Dabei liegt die Endzeitstimmung im Walde noch keine zwei Jahrzehnte zurück, als der schwefeldioxidhaltige saure Regen dem Ökosystem derart zusetzte, dass das Sterben der Bäume nur noch eine Frage der Zeit schien.«

Diese nicht einmal zwei Monate auseinanderliegenden Statements über den Wald in Deutschland sind in ihrer Tendenz unübersehbar widersprüchlich, obwohl sie aus demselben Ministerium stammen. Natürlich hat der auf die Vitalität der Bäume gerichtete Waldschadensbericht (heute Waldzustandsbericht genannt) mit seiner jährlichen Erfassung der Baumkronenverlichtung (also des Verlustes von Nadeln oder Blättern)[48] einen anderen Fokus und Erhebungszeitraum als die Waldinventur, die auf die Erfassung und langfristige Einschätzung forstlicher Produktionsmöglichkeiten abzielt. Doch dass die Waldschäden nach dem trockenheißen Sommer 2003 im Folgejahr enorm sein würden, war im Oktober 2004 mit Sicherheit bereits bekannt, und so wäre ein etwas zurückhaltenderer Tonfall wohl angemessen gewesen.

Und für die Öffentlichkeit weniger verwirrend.

Etwas pointiert ließe sich aus all dem mühelos herauslesen, dass der »Deutsche Wald« je nach argumentativer Notwendigkeit einfach immer *spitze* ist (bzw. *zu sein hat*), sei es hinsichtlich seiner Produktivität oder seiner Fähigkeit zum Absterben, und das sogar gleichzeitig! Es scheint, dass zum wichtigen Thema »Waldgesundheit« seit dem Ausklingen der 1980er Jahre von diversen Interessensgruppen gezielt immer wieder politisch zurechtgebogene, schiefe Interpretationen des Waldzustandes vermittelt werden. Solches Taktieren mag in Politik und Wirtschaft üblich sein, dürfte aber eine realistische Wahrnehmung der Problematik durch die Bevölkerung immer weiter erschwert haben. Eine bessere Bewusstseinsbildung ist durch das seit Langem aus allen Richtungen hereinprasselnde Trommelfeuer der Superlative kaum zu erwarten, gelangweiltes Abwinken schon eher – und das ist Wasser auf den Mühlen der Zweifelnden.

Die Klimaänderung der Gegenwart

Liest man den Buchtitel »Die Klimaänderung der Gegenwart«, wähnt man sich wohl unweigerlich im 21. Jahrhundert. Tatsächlich ist es der Titel eines Sachbuches aus dem Jahr 1957. Autor ist Constantin von Regel, damals Professor an der Universität Graz. Er war ein weit gereister, interdisziplinär arbeitender Botaniker mit einem Faible für Geografie, und ihn beschäftigte ein Phänomen, das seiner Meinung nach auf eine ungewöhnliche Klimaänderung hindeutete: das Vorrücken der polaren Waldgrenze nach Norden.[49]

In diesem Bereich der Nordhemisphäre, wo die Nadelwälder der Taiga nordwärts allmählich, manchmal auch abrupt, in die Tundra genannte baumlose Kältesteppe übergehen, war der unmittelbare menschliche Einfluss damals wie heute relativ gering. Es gab kaum Siedlungen, lediglich die mit Rentieren umherziehenden Nomadenvölker deckten ihren Brennholzbedarf in den Wäldern und veränderten so stellenweise die lokale Waldstruktur.

Schon seit Mitte des 19. Jahrhunderts hatten sich Forscher und Forscherinnen intensiv mit der Frage nach der Entstehung der polaren Waldgrenze beschäftigt. Von Regel selbst ging ihr früh in seiner Karriere nach und hatte erstmals 1915 eine Arbeit darüber veröffentlicht.[50] Er konnte also vier Jahrzehnte später, zur Zeit der Niederschrift seines Buches, von rund 100 Jahren Forschung an diesem ihm selbst fast lebenslang vertrauten Gegenstand profitieren.

In der Zeit vor 1930 war die Forschung noch rein deskriptiv, das heißt, es wurde oft nur möglichst genau beschrieben, was in der Landschaft anzutreffen war, gelegentlich unterfüttert mit einfachen Messungen. Eingehende Datenerhebungen und Experimente an Pflanzen kamen erst später auf. Entsprechend lange blieb unklar, welche Faktoren den Verlauf der Waldgrenze entscheidend beeinflussen.[51]

Manche Autoren erklärten den bis zur Zeit des Ersten Weltkriegs rückläufigen Waldgrenzverlauf zunächst mit der Abholzung durch Nomaden, glaubten also an einen durch Menschen ausgelösten *Rückzug* des Waldes. Das war durchaus plausibel, da das Baumwachstum an der polaren Waldgrenze äußerst langsam verläuft und schon der relativ geringe Holzverbrauch durch die Nomaden den marginalen Holzzuwachs vielerorts bei Weitem überstieg.

Andere hielten »Versumpfung« für den begrenzenden Faktor der Waldverbreitung, da Schwankungen des oberflächennahen Grundwasserspiegels im Übergangsbereich zwischen Taiga und Tundra das Absterben von Baumgruppen und Wäldern auslösen konnten. So etwas hatte beispielsweise die russische Forscherin Cheloudiakova Mitte der 1930er Jahre am Fluss Indigirka in Ostsibirien vorgefunden.[52] An eine Änderung des Klimas dachte sie wohl noch nicht.

Ab Anfang der 1920er Jahre mehrten sich plötzlich gegenläufige Beobachtungen: Die Wälder der Taiga schienen nun damit zu beginnen, sich nordwärts auszudehnen. Erste wissenschaftliche Studien hierzu stammen vom Russen Grigorjew aus dem Jahr 1924 und dem Finnen Aario aus dem Jahr 1942. Grigorjew führte diese neue Dynamik auf eine messbare Erwärmung des Klimas seit etwa 1919 zurück.[53] Die Daten von Klimastationen im nördlichen Skandinavien und der russischen Insel Nowaja Semlja im Nordpolarmeer zeigten unisono einen Anstieg der Jahresmitteltemperatur um circa 1,2 Grad Celsius in den Jahren nach 1920. Ähnliche Daten kamen aus Island, wo die Erwärmung 1,3 Grad Celsius betrug.

Aario fand heraus, dass Bäume an der polaren Waldgrenze häufiger und mehr Samen trugen als zuvor, die obendrein noch besser keimfähig waren. Ab etwa 1917 gab es in Finnisch Lappland gleich mehrere gute

Samenjahre bei Nadelbäumen, während bis dahin nur von einem guten Samenjahr pro Jahrhundert auszugehen war.[54] Aus dem Anadyr-Gebiet, dem äußersten Nordosten Sibiriens, berichtete die russische Forscherin Tjulina 1937 vom Vorrücken der Lärchenwälder, die dort die Waldgrenze markieren.[55]

Weitere wissenschaftliche Arbeiten deuteten in die immer gleiche Richtung. Schon drei Jahre vor Tjulina hatte Robert F. Griggs von der George Washington University in Washington, D. C., dem entstehenden Gesamtbild der neuen Dynamik an den Waldgrenzen eine Arbeit aus Nordamerika hinzugefügt. Im Südwesten Alaskas untersuchte er die Entwicklung der Vegetation auf der Insel Kodiak und im benachbarten Gebiet von Katmai nach einem gewaltigen Vulkanausbruch im Jahr 1912.[56] Mehr und mehr Beobachtungen belegten die einsetzende Verschiebung der polaren Waldgrenze nach Norden, oft einhergehend mit einem deutlichen regionalen Anstieg der Jahresmitteltemperaturen seit etwa 1920.

Als Klimaänderungen, so schreibt Constantin von Regel gleich eingangs in seinem Buch, verstehe er »progressive Änderungen, die im gleichen Sinne, das heißt einsinnig seit Beginn der Zeit, aus welcher wir Aufzeichnungen besitzen, bis in die Gegenwart fortschreiten. Von Klimaschwankungen (zyklischen Änderungen) ist dann zu sprechen, wenn von einem Mittelwert aus, zum Beispiel von einem Temperaturmittel, einsinnige Abweichungen einige Zeit hindurch andauern, um dann wieder von entgegengesetzten Abweichungen abgelöst zu werden. Auf die Temperatur bezogen, heißt das: sie erhöht sich eine Zeitlang, um dann nach einer bestimmten Periode wieder zu sinken und weniger als das Mittel zu betragen.«[57]

Von Regel folgte damit den Definitionen im Buch »Klimaänderungen und Klimaschwankungen« des Innsbrucker Professors Artur Wagner, das 1940 erschienen war, und verweist in seinen Ausführungen immer wieder auf dieses Werk.[58] Auch für Wagner, Vorstand des »Instituts für kosmische Physik«, war die Klimaänderung seit circa 1920 eine Tatsache. Im Vorwort seines Buches schreibt er, seit Beginn des 20. Jahrhunderts werde eine Änderung verschiedener Klimaelemente[59] immer auffälliger. Und weiter:

»Es scheint an der Zeit, die zahlreichen Einzelarbeiten, welche kleinere Gebiete der Erde und einzelne Klimaelemente oder kürzere Zeitintervalle betreffen, zusammenzufassen und die Ergebnisse übersichtlich darzustellen. So gelangt man zur einwandfreien Feststellung, daß das, was man im landläufigen Sinne als Klima bezeichnet, nichts Unveränderliches ist, sondern recht merklichen Abwandlungen im Laufe von Jahrzehnten oder Jahrhunderten unterworfen ist. Noch überzeugender vielleicht als die trockenen Zahlen für die Klimaelemente wirken Veränderungen in der Natur, weil diese ohne jedes Hilfsmittel sinnfällig werden, also nicht als Scheinergebnis aufgefasst werden können, bedingt durch irgendwelche Mängel der Messmethoden: Die Eisbedeckung der Meere in hohen Breiten nimmt ebenso ab wie die der hohen Gebirge auf der ganzen Erde, die Temperatur des Meerwassers und des festen Bodens nimmt zu, ja sogar im Tier- und Pflanzenleben lassen sich bereits eindrucksvolle Änderungen nachweisen. Alle diese Einzelergebnisse passen ausgezeichnet in das Bild einer schon seit Beginn des 19. Jahrhunderts allmählich zunehmenden Intensität der allgemeinen Zirkulation; während aber diese Zunahme als solche feststeht, lassen sich über die Ursache dieser großzügigen Veränderung derzeit nur Vermutungen aussprechen; auch kann nicht angegeben werden, in welchem Sinne sich das Klima in nächster Zukunft ändern wird.«[60]

Was hat Constantin von Regel an diesen Vorgängen so beunruhigt, dass er die Öffentlichkeit vor einer bereits begonnenen *Klimaänderung* – also nach unserem modernen Vokabular so etwas wie einem *Klimawandel* – warnen wollte?

Er dachte weiter.

Es ging hier nicht nur um die Waldgrenze – ihre plötzliche Vorwärtsbewegung war möglicherweise erst der Anfang eines von der Erwärmung ausgelösten, tiefgreifenden globalen Wandels, der, so glaubte er, ernste Probleme mit sich bringen konnte: »Wenn nun das wärmere und trockenere Klima eine Verschiebung des Nadelwaldes nach Norden bzw. Nordwesten verursacht (…), wie steht es dann mit den andern, weiter südlich gelegenen Landschaftszonen?«[61] Zu den seiner Ansicht nach vorhersehbar aufziehenden Problemen rechnete er die Ausbreitung von Wüsten und Steppen, die Austrocknung von Flüssen und Seen sowie das Auftreten »heftiger Winde«.

Einer Diskussion um die leidige Frage, ob es sich wirklich um eine anhaltende Erwärmung oder nicht vielleicht doch nur um eine Klimaschwankung handeln könnte, nimmt er gleich in der Einleitung seines Buches den Wind aus den Segeln:

»Für uns sind die *Tatsache* einer *Änderung des Klimas* und die mit ihr zusammenhängenden *Probleme* das wesentliche Element und nicht die Dauer der Schwankung, die wir ja im Augenblick nicht voraussehen können.«[62]

Gleichzeitig warnte er davor, alle möglichen wahrnehmbaren Veränderungen vorschnell gleich mit in den Topf einer Klimaänderung zu werfen.

Das ist aus heutiger Sicht eine zeitlos gültige Mahnung.

Beeindruckend ist die Vielschichtigkeit der Belege, die von Regel für seine These zusammenzog. Er schildert ausführlich, wie sich Pflanzen- und Tierarten aus südlicheren Gebieten seit Beginn der 1920er Jahre allmählich in Nordeuropa ausbreiteten. Er bezieht auch die steigende Temperatur des Meerwassers vor Grönland und Island sowie die veränderte oberflächennahe Strömung des Golfstroms und den Salzgehalt des Meerwassers von Nordatlantik und Ostsee in seine Überlegungen ein, ebenso wie die durch neue Zugbahnen von Zyklonen über dem Atlantik abgewandelten Hauptwindrichtungen. Er beschreibt das Zurückweichen des Meereises in der Arktis, die sich daraus ergebende neue Zugänglichkeit von Schifffahrtsrouten und die Verdopplung der jährlichen Schifffahrtsperiode in Spitzbergen auf über 200 Tage innerhalb weniger Jahrzehnte. Dem Rückzug der Gletscher widmet er ein besonders ausführliches Kapitel und prognostiziert ihr Verschwinden in den Alpen binnen 200 Jahren.

Alles in allem decken sich die aufgezählten, durchweg ausführlich erläuterten Aspekte sowie die vorhergesagten Folgen der Erwärmung in verblüffender Weise mit jenen unserer aktuellen Klimawandeldebatte. Auch gegenläufige Erscheinungen und konträre Forschermeinungen, die schwer in das relativ klare Gesamtbild einzuordnen waren, sparte Constantin von Regel nicht aus.

Das ist wissenschaftliche Sorgfalt und Objektivität im besten Sinne. Aber wie erklärte er sich die merkwürdige Erwärmung? Eine erhöhte CO_2-Konzentration in der Erdatmosphäre war seinerzeit ja noch kein großes Thema. Zwar hatte der schwedische Physiker Svante Arrhenius den Treibhauseffekt schon 1896 vorhergesagt, in wirklich spürbarer Weise aber erst für eine ferne Zukunft.[63] Außerdem hielt man dies seinerzeit für eine gute Sache – vermeintlich *bessere* klimatische Verhältnisse schienen ertragreichere Ernten zu versprechen. Der deutsche Nobelpreisträger für Chemie, Walter Nernst, schlug deshalb sogar vor, die vorhergesagte Erwärmung durch die bewusste Verbrennung von eigentlich unrentablen Kohlevorkommen zu beschleunigen, um solche Vorteile früher genießen zu können.[64]

Wie also begründete der Botaniker von Regel die neuartige Klimaentwicklung?

Zunächst mit einer Veränderung der planetaren Luftzirkulation, die »in stärkerem Maße warme Luft aus südlicheren Gegenden nach Norden bringt.«[65] Damit verbunden ist auch der Zustrom wärmeren Meerwassers nach Norden. Die Zunahme dieser Zirkulation seit 1851 galt als erwiesen. Ausgelöst wurden diese Prozesse nach dem zeitgenössischen Kenntnisstand durch »kosmische Ereignisse«, vermutlich eine »Änderung der Solarkonstante«[66] oder eine »langfristige Änderung der Durchlässigkeit unserer Atmosphäre«. Hier folgte von Regel den Ideen des polnischen Klimatologen Alexander Kosiba von der Universität Breslau, der einen Zusammenhang zwischen dem Auftreten von Sonnenflecken und Temperaturschwankungen in Mitteleuropa errechnet hatte.[67]

Aber auch die »Beeinflussung des Klimas durch den Menschen« – so lautet die Überschrift von Kapitel 13 des Buches – hatte von Regel bereits im Blick. Hier führt er insbesondere die Entwaldung im Mittelmeerraum, aber auch in Mitteleuropa an, wo die einst flächendeckenden, Schatten spendenden und damit kühlen(-den) Laubwälder durch zunehmend intensiv genutzte Kulturlandschaften ersetzt worden waren. Ein damals schon gut untersuchtes Beispiel war die Rodung des Hardwaldes im Schweizer Kanton Baselland, die eine »Versteppung« nach sich zog, beruhend auf der Austrocknung durch nunmehr erhöhte Windgeschwindigkeiten und größere Temperaturschwankungen. Diese »künstliche Klimaänderung« infolge menschlicher Aktivität grenzte er klar gegen natürliche Mechanismen der Klimaänderung ab.

Von Regels Buch ist gespickt mit Verweisen auf wissenschaftliche Arbeiten, die schon in der ersten Hälfte des 20. Jahrhunderts um Naturphänomene kreisten, die gegenwärtig im Rahmen der Klimawandel-Debatte diskutiert werden. Viele dieser Quellen, insbesondere auch die russischen, konnte er aufgrund seiner Herkunft mühelos verstehen und mit den Erkenntnissen westlicher Kollegen zu einer umfassenden Synthese zusammenbringen. Das sehr frühe Benennen einer außergewöhnlichen Klimaerwärmung und ihrer voraussichtlich weitreichenden, komplexen Folgen ist eine daraus hervorgehende Innovation – herausgelesen aus dem Verhalten von Wäldern an der polaren Waldgrenze und interpretiert vor dem Hintergrund der umfassenden Geländeerfahrung des interdisziplinär arbeitenden Forschers in diversen Ökosystemen Nordeuropas, Sibiriens, des Nahen und Mittleren Ostens.

Constantin von Regel hatte einen faszinierenden Lebensweg und war ein Grenzgänger zwischen außergewöhnlich vielen und sehr verschiedenen Welten. Ich nehme an, dass ihm gerade seine quer zu den Kulturen, Konventionen und disziplinären Grenzen verlaufenden Interessen und Erfahrungen eine große Übersicht verschafften, die ein besonders komplexes Weltverstehen erst ermöglichte.

Er wurde am 10. August 1890 in Sankt Petersburg als Sohn eines Historikers geboren. Sein Großvater war der Gothaer Dr. Eduard August Regel, ab 1842 Obergärtner des Botanischen Gartens in Zürich und nach seiner Einbürgerung in die Schweiz dort schon bald wieder abberufen, um 1855 das Amt des Direktors des Kaiserlichen Botanischen Gartens in Sankt Petersburg zu übernehmen. In diesem Amt erwarb er sich internationalen Ruf und wurde in den erblichen Adelsstand erhoben, unter anderem, weil er sich um den russischen Obstanbau besonders verdient gemacht hatte.[68]

Dieser starke Praxisbezug der Botanik inspirierte wohl auch seinen Enkel Constantin, der in Sankt Petersburg ein Studium der Naturwissenschaften aufnahm. 1921 promovierte er an der Universität Würzburg zum Dr. phil. über die Vegetation der Halbinsel Kola und wurde nach kurzer Privatdozentur im estländischen Tartu Professor an der neu gegründeten Universität Litauens in Kaunas. 1923 gründete er dort den Botanischen Garten. Aus diesem fruchtbaren Lebensabschnitt, in dem er unter seinem litauischen Namen Konstantinas Regelis wirkte, stammen bereits umfassende Betrachtungen wie »Mensch und Wirtschaft in Nordrussland«, »Die Einteilung Russlands in natürliche Landschaften« und »Die Tundren am Südufer des Weißen Meeres«.[69]

Gleichzeitig zog er eine neue Generation von Botanikern heran. Der Professor erforschte mit seinen Studierenden die Wiesen Litauens, die Dünenvegetation der Kurischen Nehrung und die Sümpfe und Seen der Region Kaunas. Unter seiner Anleitung wurden in dieser Zeit 44 Diplomarbeiten angefertigt. Sein vertieftes Interesse am Praxisbezug der Botanik kam unter anderem 1927 zum Ausdruck, als er Mitbegründer der *Tobacco Growers Association* wurde.

Infolge der Eingliederung Litauens in die UdSSR musste er seine Wirkungsstätte verlassen und ging 1940 in die Schweiz, wo er als Konservator am Herbier Boissier, einer botanischen Sammlung mit dem Schwerpunkt Naher und Mittlerer Osten, und als Privatdozent an der Universität Genf arbeitete, bevor er 1944 als Professor an die Universität Graz wechselte. 1952 bis 1955 war er Professor und Leiter der Abteilung für Botanik an der Universität Bagdad, 1956 Professor in Istanbul und 1958 bis 1959 in Kabul, jeweils mit ausgedehnten Forschungsreisen in diesen Regionen. Schließlich wurde er 1962 Professor für Systematische Botanik an der Universität Izmir.[70]

Im Lauf seines Lebens hat Constantin von Regel rund 200 wissenschaftliche Artikel veröffentlicht, zudem Bücher über Pflanzensystematik, Pflanzengeografie und Geobotanik geschrieben, auch für den Schulunterricht. Sie sind in den modernen wissenschaftlichen Literaturdatenbanken überwiegend *nicht* verzeichnet. Er starb am 22. Mai

1970 in Zürich. Da war sein Buch »Die Klimaänderung der Gegenwart« schon fast wieder vergessen.

Von der »Klimaänderung« zum »Klimawandel«

Neueste Forschung belegt, dass die Erwärmung schon früh im Industriezeitalter nachweisbar ist, wenn man an Stelle der Änderung der Jahresmitteltemperaturen die Änderungen der Temperaturdifferenz zwischen Sommer und Winter (also die sogenannte Temperatursaisonalität oder ATC, *Annual Temperature Cycle*) analysiert.[71] Dabei zeigt sich, dass eine Abschwächung der Temperatursaisonalität über den mittleren und hohen Breiten der Nordhemisphäre bereits im ausgehenden 19. Jahrhundert einsetzte. Hauptverursacher in den nördlichen *hohen* Breiten sind erhöhte Treibhausgaskonzentrationen, in den nördlichen *mittleren* Breiten Sulfat-Aerosole.[72]

Die veränderte Temperaturdifferenz zwischen Sommer und Winter hat auch Constantin von Regel unter Berufung auf den polnischen Geografen Eugeniusz Romer (1871–1954) bereits angesprochen, der Klimadaten von neun europäischen Klimastationen zwischen München und Moskau für den Zeitraum 1851 und 1930 ausgewertet hatte. Romer wies einen starken Anstieg der Wintertemperatur zusammen mit einer milderen Tendenz im Sommer nach, also eine starke Abnahme der jährlichen Amplitude. Romer schrieb 1947:

»Vergleicht man die Temperaturmittel, so stellen wir thermische Veränderungen fest, die im Jahresmittel so unbedeutend sind, dass sie leicht übersehen werden könnten. Stattdessen zeigen sie eine so auffällige saisonale Verteilung, dass dies berücksichtigt werden muss. (…) Da die Daten eine gleichmäßig gerichtete Bewegung zeigen, entsprechen sie eher einem *Klimawandel* als Klimaschwankungen.«[73]

Dass die allmähliche Erwärmung der Erdatmosphäre und die mit ihr einhergehenden Erscheinungen, insbesondere die veränderte Saisonalität der Temperatur mit milderen Wintern und verlängerten Vegetationsperioden (jährlichen Perioden des Pflanzenwachstums), früher oder später Auswirkungen auf die Wälder der Welt haben musste, rückte erst im Verlauf der 1980er Jahre wieder zunehmend ins Bewusstsein.

Im Juni 1990 veröffentlichte Robert Louis Peters, ein Mitarbeiter des WWF (*World Wildlife Fund for Nature*) in Washington, D.C., einen Überblicksaufsatz unter dem Titel »Effects of global warming on forests«.[74] Darin deckte er zahlreiche Aspekte der sich ändernden Verbreitung von Pflanzen- und Tierarten ab, die auch von Regel angesprochen hatte. Ebenso wie dieser legte er einen Fokus auf die Verschiebung der Wälder in Richtung Arktis, offenbar ohne das einst nur auf Deutsch erschienene Buch aus den 1950er Jahren zu kennen.

Die für das globale Forstwesen zuständige Organisation der Vereinten Nationen, die FAO (*Food and Agriculture Organization of the United Nations*), war wegen der wachsenden Wahrscheinlichkeit eines echten Klimawandels zunehmend beunruhigt. Sie nannte ihn eine der »gegenwärtig größten Umweltsorgen« und veröffentlichte 1995 einen Katalog mit 60 Fragen und Antworten, die nach bestem Wissen den Stand der Forschung wiedergaben – hinsichtlich der vorhersagbaren Auswirkungen des Klimawandels auf die Wälder und den globalen Kohlenstoffkreislauf, die Rolle der Wälder als Kohlenstoffspeicher, Möglichkeiten angepasster Waldbewirtschaftung und der denkbaren Funktionen von Wäldern bei der Pufferung der erwartbaren Konsequenzen des Klimawandels.[75]

Dennoch – im Verlauf der 1990er Jahre gab es eine merkwürdige Delle in der Forschung an Waldsterben und verwandten Phänomenen. Vereinzelte Fallstudien wurden zwar durchgeführt, doch das Thema war nach der Gesundung vieler ehemals betroffener Wälder für einige Jahre sozusagen *mega-out*.

Das erscheint paradox, denn die zu jener Zeit immer stärker in den Fokus rückende Erderwärmung verlangte geradezu nach einer interdisziplinären Brücke zwischen Waldsterbensforschung und Klimawandelforschung. Als ich Anfang der 2000er Jahre in Hawaii die Arbeit an den Untersuchungsflächen der *Ohia-Dieback*-Forschung aus den 1970er Jahren wieder aufnahm, war eine Reihe von US-Kollegen überrascht, dass sich ein Nachwuchsforscher mit *Dieback* beschäftigt und sogar ein Stipendium dafür erhält. Manche haben mich vor dieser Arbeit gewarnt, weil sie fürchteten, man könne auf einem vermeintlich so umfassend erledigten Thema keine Forscherkarriere mehr aufbauen.

Erst ab 2003 stieg die Zahl wissenschaftlicher Publikationen in diesem Fachgebiet wieder deutlich an, und wieder bedurfte es einer Schlüsselfigur, die sich vornahm, alle Puzzleteile über den möglichen Zusammenhang von Erderwärmung, Dürren und Baum- beziehungsweise Waldsterben zusammenzufügen. Diese Person war Craig D. Allen, ein Mitarbeiter des US Geological Survey. Ihn sorgte die im Klimawandel voraussichtlich zunehmende Sterblichkeit von Bäumen aufgrund von Trockenheit und Hitzestress, auch im Zusammenhang mit anderen wetter- und klimabedingten Ereignissen wie Waldbränden und dem massenhaften Auftreten von Schadinsekten.

Er hatte bereits Ende der 1980er Jahre im Rahmen seiner Doktorarbeit an der Rekonstruktion des umfangreichen dürrebedingten Waldsterbens der 1950er Jahre in seiner Heimat, dem US-Bundesstaat New Mexico, gearbeitet und hielt dieses historische Waldsterben für einen möglichen Vorläufer der projizierten Auswirkungen des Klimawandels.[76] Später begann er, Informationen über dokumentierte Waldsterben aus der ganzen Welt zusammenzutragen.

Ab Ende der 1990er Jahre stellte er seine daraus gewonnenen Erkenntnisse in Vorträgen über Klimawandel und Baumsterblichkeit auf Konferenzen vor. Die massiven Baum- und Waldsterben in allen Höhenlagen Colorados im extrem heißen Dürrejahr 2002 machten ihm endgültig klar, dass der Klimawandel wirklich alle Wälder beeinflussen könnte, auch jene in normalerweise kühlen und feuchten Landschaften.

Allen befürchtete, dass die zunehmende Häufigkeit, Dauer und Stärke solcher Ereignisse die Zusammensetzung und Struktur der Wälder auf der Erde grundlegend verändern könnte. Seines Erachtens waren die bis Mitte der 2000er Jahre entwickelten, modellgestützten Projektionen zur klimainduzierten Walddynamik unzureichend, da sie die Mechanismen hinter dem Absterben von Bäumen nicht ausreichend berücksichtigten.

Also machte er es sich zur Aufgabe, alle auf der Welt verfügbaren Informationen über bereits bekannte, durch Hitze- und Trockenstress verursachte Baum- und Waldsterben der jüngeren Vergangenheit zusammenzutragen. Die Ergebnisse dieses Vorhabens wurden 2010 in der Fachzeitschrift »Forest Ecology and Management« veröffentlicht.[77]

Allen und seine 19 Co-Autoren und -Autorinnen aus allen Erdteilen identifizierten im Zeitraum ab 1970 88 Fälle von Waldsterben, die eindeutig durch klimainduzierten physiologischen Stress, also Dürre und Hitze, ausgelöst worden waren, und werteten sie aus. Alle bewaldeten Kontinente waren betroffen. Es zeichnete sich ab, dass zumindest einige Waldökosysteme bereits auf den Klimawandel reagierten.

Die Sorge, Wälder könnten zunehmend anfälliger für eine höhere *Hintergrundsterblichkeit* (»background tree mortality«) werden, war demnach begründet. Mit diesem Begriff bezeichnete das Autorenkollektiv Reaktionen von Bäumen auf die anhaltende Erwärmung in Landschaften, in denen das Wasserangebot für eine gesunde Waldentwicklung bislang ausreichend war. Dort würde man ein häufigeres Absterben der Bäume – anders als in bekannten Problemzonen – nicht gleich auf Trockenstress zurückführen.

In Afrika konnte die erhöhte Sterblichkeit von Wäldern in Uganda, Zimbabwe, Südafrika, Namibia, Senegal, Marokko und Algerien mit Hitze und Trockenheit in Verbindung gebracht werden. In Asien reichten die Fälle von der Türkei über Saudi-Arabien und den Westen Indiens bis nach China, Südkorea, Malaysia und Indonesien. Diverse dürrebedingte Waldsterben wurden auch aus Australien und Neuseeland beschrieben, in Europa vor allem aus dem Mittelmeerraum, etwa Griechenland, Frankreich, Italien, aber auch aus Polen, Norwegen und Nordwest-Russland. Relativ zahlreich waren die Studien aus Nordamerika, wo klimainduzierte Baum- und Waldsterben von Alaska bis Mexiko und von Quebec bis South Carolina als relativ gut dokumentiert eingestuft wurden. In Mittel- und Südamerika waren Wälder in Costa Rica, Panama, Nordwest- und Südost-Brasilien ebenso betroffen wie die Südbuchenwälder Patagoniens.

Insgesamt reichte die Spannbreite betroffener Ökosysteme vom tropischen Regenwald über Savannen bis zu subalpinen Nadelwäldern. Eine erhöhte Baumsterblichkeit infolge zunehmender Trockenheit und Hitze war also weltweit in Betracht zu ziehen, und zwar für sehr verschiedene Typen von Wäldern. Dabei weisen die Autoren und Autorinnen ausdrücklich darauf hin, dass bei allen Bemühungen, nichtenglischsprachige Studien zu berücksichtigen, ein weitgehend vollständiges Bild nur für Nordamerika, Europa und Australien gezeichnet werden könne. Insbesondere für Asien und Russland blieben die Angaben wohl lückenhaft.

Auch dürrebedingte, ausführlich dokumentierte Waldsterben vor 1970 bleiben nicht unerwähnt. Da ist der Tod von Eukalyptus-, Akazien- und Schmuckzypressenarten im Nordosten Australiens in den frühen 1900er Jahren, ausgelöst durch die schlimmste Dürre seit Beginn der Klimaaufzeichnungen. Da ist das Südbuchen-Sterben in Neuseeland in den Jahren 1914 und 1915; das Absterben der Chilezeder in Argentinien während der El-Niño-Dürren in den 1910er, 1940er und den 1950er Jahren; die ausgedehnten Baumsterben in den südlichen Appalachen und den Great Plains während der Dürreperioden in den 1920er und 1930er Jahren; der massenhafte Tod von Waldkiefern in der Schweiz zwischen 1940 und 1955 und gleich mehrerer Kiefernarten im Südwesten der USA während der Dürre in den 1950er Jahren. Und da sind natürlich die Eichen-Sterben in vielen europäischen Ländern nach schweren Dürreperioden (1892–1897, 1910–1917, 1922–1927, 1946–1949 und 1955–1961).

Diese Ereignisse zeigten allerdings recht unterschiedliche Muster. Während schwere Dürren unabhängig von der Bestandsdichte der Bäume zum Absterben von Wäldern führen, kann eine höhere Sterblichkeit auch an guten Standorten auftreten, wenn eng zusammenstehende Bäume um Wasser konkurrieren. Die räumlichen Sterblichkeitsmuster im Bestand werden stark von den Eigenschaften der jeweiligen Art und den Altersstrukturen der Baumpopulationen geprägt. Das kann völlig unterschiedliche Absterberaten bei nebeneinander im gleichen Wald vorkommenden Baumarten zur Folge haben.

Bei manchen Arten scheinen größere und ältere Bäume anfälliger für trocknisbedingte Sterblichkeit zu sein, in anderen Fällen sind eher die kleinen, im dichten Bestand überzähligen Bäume stärker betroffen. Gelegentlich treten Reaktionen auf Trockenheit sehr verzögert auf – manche Bäume sterben erst Jahre oder gar Jahrzehnte nach der Dürre sichtbar ab.

Zudem können die Langlebigkeit von Bäumen und die Fähigkeit vieler Arten, ihr Gefäßsystem während ihres gesamten Lebens immer wieder zu verändern, zu räumlich und zeitlich unkalkulierbaren Reaktionen auf Trockenstress führen. Auch die Abfolge von Wetter- und Klimaereignissen kann das Sterblichkeitsrisiko beeinflussen.

Der internationale Kenntnisstand zur Frage nach den Ursachen von Waldsterben ließ sich demnach 2010 etwa folgendermaßen zusammenfassen: Normalerweise wird die Baumsterblichkeit von mehreren zusammenwirkenden Faktoren gesteuert, die von Klimastress über das Baumalter und Krankheiten bis hin zu Schadinsekten reichen.

Dürre kann das Absterben als sogenannter *Trigger* auslösen, wenn Bäume auf schwierigen Standorten und durch Luftverschmutzung bereits unter Stress stehen und durch ihr fortgeschrittenes Alter den Angriffen von Schadorganismen wie holzbohrenden Insekten oder pathogenen Pilzen leichter erliegen.

Extreme Dürre und gleichzeitig große Hitze töten Bäume eher durch *Kavitation*, während ein lang anhaltender Wassermangel auch ohne extreme Temperaturen zu Einschränkungen des Stoffwechsels führt, mit nachfolgendem Kohlenstoffmangel und einer verringerten Widerstandsfähigkeit gegen Insekten und Pilze. Anhaltende Wärme während der Dürreperioden kann zum massenhaften Auftreten von Schädlingen führen.

Dieses Fazit schien zwar eine gewisse Allgemeingültigkeit zu besitzen, doch stellte das Autorenkollektiv heraus, dass das Wissen über den Stoffwechsel von Bäumen noch immer viel zu begrenzt sei, um Muster des Absterbens und die unterschiedliche Entwicklung von Bäumen innerhalb eines Waldes sicher vorherzusagen.

Die Vergleichbarkeit der 88 Studien wurde durch den Umstand erschwert, dass sie unter völlig verschiedenen Rahmenbedingungen durchgeführt worden waren. Sie unterschieden sich stark in ihren Zielen, Methoden und auch den Definitionen von Baumgesundheit und -sterblichkeit. Das Autorenkollektiv betonte deshalb die Notwendigkeit eines weltweiten, koordinierten und methodisch abgestimmten Überwachungsprogramms, um die Trends in der Baum- und Waldsterblichkeit systematisch erfassen zu können.

Übrigens wird in dieser Zusammenstellung auch das »klassische Waldsterben infolge Luftverschmutzung« in Mitteleuropa und Nordamerika in den 1980er Jahren erwähnt – als »abschreckendes Beispiel für übertriebene Behauptungen von einem weitreichenden Waldgesundheitsrisiko, für das keine ausreichenden Beweise vorliegen.«[78]

Die Bedeutung vielfacher Wechselwirkungen zwischen Dürren, Krankheiten und dem Befall mit Schadinsekten zeigt sich seither in vielen Fallstudien. So konnte anhand von Baumringanalysen gezeigt werden, wie das Zusammenspiel von klimatischen und biotischen Faktoren den starken Rückgang der Weißborkenkiefer in den Bergwäldern der südkanadischen Rocky Mountains verursacht haben.[79]

Vor 1940 wurde das Wachstum dieser gedrungenen, normalerweise nur etwa 10 Meter Höhe erreichenden Baumart durch niedrige Temperaturen begrenzt, in der Phase 1947 bis 1976 eher durch Dürren. Während der danach beginnenden Warmphase war das Wachstum erneut von den Temperaturen abhängig, doch setzte sich sein schon in den 1940er Jahren verzeichneter Rückgang weiter fort. Dieser Trend hielt mehr als 30 Jahre lang an, bevor die Bäume allmählich einer nordamerikanischen Borkenkäferart – dem Bergkiefern-Käfer – und einer Pilzerkrankung, dem aus Europa eingeschleppten Strobenrost, erlagen.

Dieses Baumsterben erreichte in den 1970er Jahren seinen Höhepunkt. Mehrere Faktoren wirkten also über Jahrzehnte hinweg zusammen, um etwa bei den Weißborkenkiefern im kanadischen Waterton Lakes Nationalpark eine beispiellose Absterberate von über 90 Prozent hervorzurufen. Zunächst verursachten Dürren Trockenstress, der den Pilzbefall gefördert haben dürfte. Die anhaltende Erwärmung bei gleichzeitig abnehmender Schneemenge im Winter sowie die kürzere Schneedeckendauer führten wahrscheinlich zu weiterem Stress und verringerten die Widerstandskraft der Bäume gegen die Käfer. Letztlich trugen Borkenkäfer und Blasenrost gemeinschaftlich zum Baumtod bei, nachdem die Klimaänderung die Bäume über Jahrzehnte geschwächt hatte.

Ein Wettrennen zwischen Wald und Gletscher

In den frühen 1990er Jahren war der Klimawandel in der allgemeinen Wahrnehmung noch eher eine Möglichkeit als eine Tatsache, doch allmählich achtete man mehr darauf: War der Sommer nicht ungewöhnlich heiß, der Winter nicht verdächtig mild? Gleichzeitig wurde immer wieder gefragt, was das überhaupt sollte. Das Klima war nie dauerhaft konstant, und schon allein die Werte aus dem 20. Jahrhundert gaben Zweiflern scheinbar brauchbare Belege. Da war zum Beispiel das Wärmeoptimum der 1920er bis 1950er Jahre, als es schon einmal in der jüngeren Vergangenheit bemerkenswert warm war und das auch Constantin von Regel beschäftigt hatte.

Danach folgte eine relativ kühle Periode, in deren Verlauf viele Alpengletscher noch einmal vorrückten. Damals diskutierte man sogar die Gefahr einer neuen Eiszeit. Ein reißerisches Titelblatt zeigte den Kölner Dom vor dem Hintergrund eines gigantischen, offensichtlich vordringenden Gletschers.[80] Tatsächlich markieren heute in den Vorfeldern vieler Alpengletscher kleine Endmoränen[81] aus dem Jahr 1985 das Ende dieser nochmaligen, geringfügigen Ausdehnung des Eises.

Aber dann setzte sich die bereits weit über hundert Jahre anhaltende generelle Erwärmungstendenz fort, deren Folgen schon lange beobachtet werden konnten. Mit dem Anstieg der alpinen Schneegrenze[82] teilweise um mehr als hundert Höhenmeter seit der Mitte des 19. Jahrhunderts verkleinerte sich das Nährgebiet der Gletscher immer mehr, die Massenbilanz der einst vorstoßenden Eismassen kehrte sich um, was je nach Größe der Gletscher nach einigen Jahren bis Jahrzehnten zu ihrem Stillstand und schließlich zu ihrem Rückzug führte. Zurück blieben leere Gletschervorfelder, ausgedehnte, vom Eis modellierte Steinwüsten, deren Ränder von wallartigen End- und Seitenmoränen, dem einst vom Gletscher transportierten und abgelagerten Gesteinsmaterial, markiert werden.

In vielen dieser von einer großen Endmoräne aus der Zeit um 1850 begrenzten Vorfelder muss man heute kilometerweit laufen, ehe man die Gletscherstirn erreicht. Bei einer solchen Wanderung kann man sich die Folgen der Erwärmung, hier ausgedrückt im dramatischen Rückgang der Eismassen, besonders bewusst machen. Doch an dieser Stelle muss ergänzt werden: Der Gletscherhochstand Mitte des 19. Jahrhunderts markierte den Ausklang einer etwa 500 Jahre andauernden Kälteperiode, die als »Kleine Eiszeit« das seit Jahrtausenden kälteste Klima gebracht hatte. Die Temperaturen lagen damals im Jahresdurchschnitt um etwa 1,5 Grad Celsius unter denen der hochmittelalterlichen Warmphase des 10. bis 13. Jahrhunderts, als es sogar noch etwas wärmer war als im 20. Jahrhundert.

Ab Mitte der 1980er Jahre fragte man sich, was wohl beim Abschmelzen der Polkappen passieren würde. Auf der Titelseite des Spiegel sah man den Kölner Dom aus einer endlosen Wasserfläche herausragen.[83] Man hörte, dass sich die polare Waldgrenze nach Norden verschiebt, dass Wüsten wachsen und möglicherweise ein mediterranes Gebirge an die Stelle unserer vergletscherten Alpen treten wird, ganz so, wie bereits Constantin von Regel die Zukunft ausgemalt hatte. Jedenfalls war nicht mehr zu bestreiten, dass wir in einer Phase rascher Erwärmung leben und die von uns erzeugten Treibhausgase zu dieser Erwärmung zumindest beitragen.

Die Ökosysteme der Alpen reagieren ähnlich wie Gletscher nicht sofort in wahrnehmbarer Weise auf mäßige Klimaschwankungen. Anhaltende Erwärmung hat allerdings in unseren Breiten eine Verlagerung der Höhenstufen – also der vertikalen Vegetationsgürtel eines Gebirges – nach oben zur Folge, sichtbar vor allem in einem Anstieg der Wald- und Baumgrenze. Bei einer Erwärmung um 1 Grad Celsius ist bereits mit einer höhenwärtigen Verschiebung um 150 bis 200 Meter zu rechnen.[84]

Damit fänden hoch spezialisierte Überlebenskünstler der oberhalb der Waldgrenze liegenden alpinen und der noch kälteren, fast ganzjährig schneegeprägten nivalen Höhenstufe[85] immer weniger geeigneten Lebensraum, gipfelwärts abgedrängt von konkurrenzstarken Pflanzen der unteren Höhenstufen. Das gilt für den Gletscher-Hahnenfuß ebenso wie für das Alpenschneehuhn – alle Organismen wären betroffen, die in besonderer Weise an das Leben mit Schnee und Eis angepasst sind. An ihrer Stelle fänden wir vielleicht irgendwann sogar Wälder, und das in Höhenlagen, wo es heute noch kaum vorstellbar scheint.

Diesen Überlegungen liegt die allgemein anerkannte Gesetzmäßigleit zu Grunde, dass die Verbreitung der natürlichen Höhenstufen in einem Gebirge von Klima und Geländeform abhängt. Dabei wird jedoch manchmal übersehen, dass die sich erwärmungsbedingt ausbreitenden Pflanzenpopulationen nicht auf einer unbewachsenen *Tabula rasa* operieren, sondern im vermeintlich geeigneten neuen Siedlungsgebiet weiter oben normalerweise auf bereits etablierte, voll entwickelte Lebensgemeinschaften stoßen, die eine Besiedlung durch andere Pflanzen, etwa Bäume, auch bei günstigen Bedingungen lange Zeit verhindern können.

Viele in den Alpen oberhalb der Waldgrenze etablierte Matten und Rasen weisen einen dichten Grasfilz auf, der die Ansiedlung von Gehölzkeimlingen nahezu unmöglich macht, auch wenn das günstigere Klima deren Wachstum längst zuließe. Somit ist die höhenwärtige Verschiebung der Baumgrenze, also der gedachten Linie zwischen den Bäumen und Baumgruppen oberhalb der Waldgrenze, keine Selbstverständlichkeit.

Wo sich allerdings ein Gletscher weit zurückgezogen hat und innerhalb der von alpinen Rasen beherrschten Höhenstufe ein freigeräumtes, neues Spielfeld zur Verfügung stellt – aus Sicht der Pflanzen ein konkurrenzfreier Lebensraum, ist klar zu erkennen, wo wir bezüglich der Erwärmung schon stehen.

Zu beobachten ist dieser Vorgang unter anderem im Vorfeld des Lys-Gletschers, des größten Talgletschers der italienischen Alpen. Er liegt im Talschluss des Valle di Gressoney, einem Seitental des Aostatals in Nordwest-Italien, an der Südflanke des über 4600 Meter hohen Monte-Rosa-Massivs. Seit dem Ende der »Kleinen Eiszeit« Mitte des 19. Jahrhunderts ist er bis zum Jahr 2000 um etwa 1,6 Kilometer zurückgewichen, nach der Jahrtausendwende bisher um weitere 700 Meter!

Im Gletschervorfeld keimen – Bäume! Bereits nach wenigen Jahren Eisfreiheit finden sich Europäische Lärche und Fichte mitten im Gesteinsschutt. Natürlich sterben viele Keimlinge schon nach kurzer Zeit mangels genügendem Substrat wieder ab. Einige aber bleiben, und werden aus ihnen auch keine stattlichen Exemplare ihrer Spezies, liefern sie doch schon einen wichtigen Beitrag zur Bodenbildung. Ihre Wuchsorte sind die Trittsteine der künftigen Waldentwicklung in der Moränenwüste.

Außerhalb der dem Lys-Gletscher vorgelagerten Grundmoräne und der riesigen Seitenmoränen von 1821 beziehungsweise 1717 sind Rasengesellschaften etabliert, die mit ihrem dichten Filz die Ansiedlung von Gehölzkeimlingen erschweren. Deshalb reichen Baum- und Waldgrenze im Gletschervorfeld heute weit über jene außerhalb der Moränenlagen hinaus. Die Rasen verzögern auf dem von ihnen besetzten Terrain seit Langem die Verschiebung der Waldstufe nach oben, obwohl das Klima diese längst zuließe. Lediglich mechanische Schäden an der Rasendecke, etwa durch Moränen oder Lawinen, ermöglichen die punktuelle Ansiedlung von Bäumen.

Das Besondere am Vorfeld des Lys-Gletschers besteht in seiner außerordentlich klaren Gliederung in mehrere, jeweils durch deutlich sichtbare Endmoränenwälle voneinander abgegrenzte Rückzugsstadien. In diesen natürlichen Setzkästen lassen sich die Stadien der Waldentwicklung deutlich ablesen. Auf natürliche Weise sind hier, ähnlich wie auf den Lavaströmen Hawaiis, sogenannte Altersklassenwälder entstanden, die innerhalb der Endmoränen von 1821, 1860 und 1921 – auch hier hat die Erwärmung ab circa 1920 zum Gletscherrückzug geführt – von ungefähr gleichaltrigen Baumkohorten gebildet werden.[86]

Bis zur Ansiedlung erster Baumgruppen vergingen im 20. Jahrhundert etwa 10 bis 40 Jahre, erste Wäldchen entstanden nach 60 Jahren, flächendeckender Wald schon nach etwa hundert Jahren Eisfreiheit. Zunächst etablierten sich an geschützten Stellen, etwa neben einem großen Felsblock, einzelne Bäumchen. Wurden die klimatischen Bedingungen besser, erfolgte einige Jahre später ein zweiter Besiedlungsschub mit vielen erfolgreichen Keimlingen. Der dritte Besiedlungsschub stützte sich dann bereits auf Samen, die von den nach etwa 30 Jahren fruchtbaren Nadelbäumen produziert werden.

Mitte der 1990er Jahre hatte der dem Gletscher bergauf nacheilende Wald die Eismassen beinahe eingeholt. Baumkeimlinge gediehen in

Steinwurfweite zum Gletschertor, erste Bäumchen in 150 Meter Abstand auf einer Höhe von 2395 Meter. Damit lag die Baumgrenze im Gletschervorfeld bereits 1995 mehr als 100 Meter über jener außerhalb der Moränenlagen.

Seither hat sich der Gletscher allerdings so rasant zurückgezogen, dass die Bäume nicht mehr folgen können, wohl auch, weil sie inzwischen an die für Lärchen in den Alpen angegebene Höhengrenze von rund 2400 Meter stoßen. Oberhalb dieser Marke bleibt es für das Baumwachstum immer noch schwierig, weil einerseits die Temperaturen eine ausreichende Gewebebildung vermutlich noch nicht zulassen und andererseits an die Stelle der Gletscherzunge ein ausgedehnter See getreten ist, der die Besiedlung der Grundmoräne vorläufig weitgehend unmöglich macht.

Die Lärchenwälder in den älteren Setzkästen dürften nur eine vorübergehende Erscheinung sein, denn die Pionierart Lärche ist ein Lichtkeimer, das heißt, sie ist nicht in der Lage, sich im eigenen Schatten zu verjüngen. Bei anhaltender Erwärmung wird eine Baumschicht heranwachsen, in der die schattenverträgliche Fichte die Lärche als Hauptbaumart ablöst. Ohne weitere Störung wird es dort keinen reinen Lärchenwald mehr geben, es sei denn in Flussnähe, wo der Wildbach »Lys« mit seinem vielarmigen, sich ständig verändernden Flussbett die Waldentwicklung immer wieder stört. Je nach Wasserstand verlagert er es auch in die angrenzenden jungen Wälder hinein, aus denen Bäume dann manchmal regelrecht herausgekegelt werden.

So ergibt sich auf kleinem Raum eine enorme Standortvielfalt, die entsprechende Anpassungen erfordert. Die Flexibilität des Lebens wird hier durch eine hohe Artenvielfalt gewährleistet. Es gibt in diesem Mosaik Spezialisten für die praktisch permanent umgelagerten Kies- und Schotterbänke, für die regelmäßig überfluteten Uferpartien und ebenso für die nur von Spitzenhochwässern betroffenen Abschnitte. Theoretisch läuft die Entwicklungsreihe von der schütteren Krautflur bis zum Fichten-Hochwald, sofern sie nicht wieder von der natürlichen Flussdynamik unterbrochen wird. Und während schon junge Baumgruppen viele Eigenschaften eines Waldes aufweisen, gibt es umgekehrt auch in den Wäldern der älteren Rückzugsstadien noch Lichtungen, auf denen Pflanzen der Kiesbänke noch lange gedeihen können.[87]

Klimawandel versus Nutzungswandel

Die mittlerweile vollzogene Sensibilisierung von Öffentlichkeit und Wissenschaft für Phänomene des Klimawandels führt immer wieder zu einer Vermengung von Vorgängen, die sehr unterschiedliche Ursachen haben. So sind die gegenwärtigen, zum Teil bemerkenswert rasch ablaufenden Arealverschiebungen, also Veränderungen der Verbreitungsgebiete von Pflanzen- und Tierarten, gerade in Mitteleuropa nicht immer Ausdruck des Klimawandels. Der hier in der jüngeren Vergangenheit stark wahrgenommene Wandel findet seine wesentlichen Ursachen ebenso im Kulturlandschaftswandel, das heißt in der Änderung oder Aufgabe traditioneller bäuerlicher Nutzungsweisen.

Auch weite Teile der Alpen, insbesondere der Westalpen, sind von einer regelrechten Entvölkerung und einem damit einhergehenden Kulturlandschaftsverfall betroffen. Der nachlassende Nutzungsdruck ermöglicht eine Renaissance naturnaher Entwicklung. Wo der massive Bevölkerungsrückgang ein Nachlassen des Nutzungsdrucks auf abgelegene Landschaftsteile bewirkte, bleiben schwer erreichbare Bergwälder, über Jahrhunderte als Weidegebiete geschätzt, bereits seit Jahrzehnten sich selbst überlassen.[88]

Ich arbeite immer wieder gern in Untersuchungsgebieten, die abseits der spektakulären, wissenschaftlich und medial ausgeschlachteten Flaggschiff-Fallstudien liegen. Übergreifende Gesetzmäßigkeiten, die anderswo modellhaft untersucht oder konstruiert wurden, müssen auch für unspektakuläre Forschungsobjekte in peripheren Landschaften gelten, an denen man normalerweise einfach vorbeifährt.

Ein solches Beispiel ist der Bergwald an der Nordflanke des Monte Cimino, einem vergleichsweise unauffälligen Höhenrücken im Valle di Gressoney, etwa 25 Kilometer südlich des Lys-Gletschers gelegen. Die jüngere Geschichte dieses Waldes zeigt sehr anschaulich die mögliche Überlagerung von zwei Prozessen, die gleichberechtigt als Erklärungsansätze für die in den letzten Jahrzehnten veränderte Walddynamik dienen können: die Veränderung des Klimas und der gleichzeitige Rückzug des Menschen.

Der überwiegend aus feinkörnigem Gneis aufgebaute Monte Cimino erhebt sich im Übergangsbereich zwischen den niederschlagsreichen Randalpen und dem ausgesprochen trockenen mittleren Aostatal. Struktur und Zusammensetzung der Wälder an der steilen Nordflanke des Berges wurden bis etwa 1950 durch starke Nutzung geprägt. Die örtliche Forstbehörde in Lillianes erwähnt für den siedlungsnah gelegenen Teil intensive Holznutzung bis hin zur Kahlschlagwirtschaft und Waldweide, leider ohne klaren Zeitrahmen. Durch diese Nutzung wurden die einheimischen natürlichen Tannen-Buchenwälder im Lauf der Zeit in reine Lärchenbestände umgewandelt.[89]

Auch das früher übliche Verfahren, Schatten spendende und dadurch den für die Weidetiere bedeutenden Graswuchs hemmende Bäume konsequent zu entfernen, hat den einst artenreichen Wald in eine Lärchen-Monokultur verwandelt, deren Individuen nicht viel älter als 150 Jahre sind. Der größte Teil wird heute von fast reinen Lärchenbeständen eingenommen, ab etwa 900 Meter Höhe bis hinauf auf über 1800 Meter, den höchsten Erhebungen des Bergrückens.

Nur ein mehrere Hektar großer, ausgesprochen felsiger Abschnitt am Ostrand wurde wegen seiner Unzugänglichkeit kaum beeinträchtigt und trägt artenreichere Mischbestände, die überwiegend aus Lärchen, Zirben, Tannen und Fichten bestehen. Hier reicht das Alter der Bäume an 300 Jahre heran.

So ist die großflächige Dominanz relativ junger Lärchen unabhängig von Höhenlage und Standort ein Beleg für die Naturferne dieses Waldes. Aufgrund des extrem steilen, schwer begehbaren Geländes ist anzunehmen, dass es sich bei den einstigen Weidetieren um klettergewandte Schafe und Ziegen handelte, deren Waldschädlichkeit durch Verbiss wesentlich größer ist als jene von Rindern. Man schätzt, dass die solchermaßen durch Menschen geförderte, lichtliebende Pionierbaumart Lärche in den Alpen insgesamt bis zu 20 Prozent mehr Fläche besetzt, als ihr natürliches Areal eigentlich einnähme.

Das heute wieder recht urwüchsige Erscheinungsbild des schwer zugänglichen Bergwaldes lässt menschliche Einflüsse nicht mehr auf den ersten Blick vermuten. Im Unterwuchs finden sich hangaufwärts vordringende, gut etablierte Jungbäume von Rotbuche, Bergahorn, Fichte, Zirbe und Weißtanne. Die ältesten unter ihnen sind etwa 70 Jahre alt. Diese Zusammensetzung des Jungwuchses ist ungewöhnlich. So ist die natürlicherweise in wesentlich höheren Lagen verbreitete Zirbe in unmittelbarer Nachbarschaft der ursprünglich bis in etwa 1500 Meter Höhe charakteristischen Buchen und Bergahorne zu finden.

Die Ursachen hierfür sind im Rückgang der Bevölkerung und damit der Bergbauernwirtschaft in den Gemeinden Lilliianes und Fontainemore zu suchen, die ein gemeinsames Nutzungsrecht an den Wäldern des Monte Cimino haben. Sie verzeichneten im Verlauf des 20. Jahrhunderts eine drastische Bevölkerungsabnahme. Am Anfang des Jahrhunderts lebten in den beiden Ortschaften insgesamt noch mehr als 2100 Menschen. Die Volkszählung im Jahre 1991 ergab nur noch 881 Einwohner, das entspricht einem Rückgang um fast 60 Prozent.

Eine Ursache dürfte die Ansiedlung von Großindustrie im relativ nahe gelegenen Turin sein, wo Fiat 1923 das Automobilwerk Lingotto im gleichnamigen Stadtteil von Turin eröffnete. Solche Beschäftigungsmöglichkeiten versprachen bessere Einkünfte und Lebensbedingungen als die harte Bergbauernwirtschaft. Von der ausgelösten, in den 1920er Jahren enormen Abwanderung wurden die sogenannten *Frazioni*, bis hoch hinauf an den Talflanken verstreute Siedlungen abseits der Hauptstraßen, noch härter getroffen als die Gemeindezentren im Talgrund.

Gerade von solchen abgelegenen Kleinsiedlungen aus ist der Wald am Monte Cimino aber hauptsächlich genutzt worden. Heute werden nahezu alle Bergbauernhöfe in der Umgebung nicht mehr bewirtschaftet und dienen schon lange als Ferienhäuser. Dadurch steht den wenigen verbleibenden Bergbauern so viel hofnahe Nutzfläche zur Verfügung, dass der schwer zugängliche Wald am Monte Cimino als Weidefläche nicht mehr in Anspruch genommen werden muss.

Auch nach dem Wärmeoptimum um 1950 ist in der Region die Mitteltemperatur während der Vegetationsperiode vergleichsweise hoch geblieben. Die intensive Verjüngung der sich rasch ausbreitenden Zirben, Tannen und Buchen könnte nun auf einen Keimungsimpuls während dieser Warmphase zurückgeführt werden, gleichzeitig aber auch als normaler Vorgang bei einer dauerhaft hohen Mitteltemperatur während der Sommermonate interpretiert werden. Diese Auslegung würde im Zuge der Klimawandel-Diskussion als naheliegend angesehen und vielleicht nicht sofort hinterfragt werden.

Besser erklärbar wird der Vorgang aber durch den nachlassenden Nutzungsdruck auf den Gemeindewald, der infolge des Bevölkerungsrückganges irgendwann ganz aus der Nutzung genommen wurde. Wahrscheinlich spielen hier beide Steuergrößen eine Rolle, doch schon allein durch die Aufgabe der Waldweide wäre eine vergleichbare Reaktion des Ökosystems denkbar. Das bedeutet: Zur Erklärung *dieser* Walddynamik ist eine Klimaänderung nicht unbedingt nötig.

Heute ist die Ponte Bouro, der traditionelle Zugang zu diesem von einem manchmal reißenden Fluss abgeschnittenen Wald, nicht mehr passierbar. Selbst der Weg zur Brücke ist mit jungen Bäumen zugewachsen. Schon vor Jahrzehnten wurde das Gebiet als »Zona Protezione de la Fauna« ausgewiesen, in der das Jagen verboten ist. Dementsprechend ist ein auffälliger Wildreichtum zu beobachten; Gemsen etwa sind wenig scheu und nähern sich dem forschenden Botaniker neugierig bis auf wenige Meter. Auf der Brücke selbst gedeihen bereits kleine Bäume. Somit bleibt dieses Gebiet sich selbst überlassen und wird, ganz ohne weiteres menschliches Zutun, eine *neue Wildnis*.

Falls die Waldentwicklung ungestört bleibt, wird sie irgendwann in einen natürlichen Zyklus münden, in dem sich Tannen und Buchen kleinräumig ablösen, vermutlich unter gelegentlicher Beteiligung von Fichte und Bergahorn. Diesen Zyklus werden manchmal Felsstürze unterbrechen, die nach dem Zufallsprinzip Lücken in den Bergwald reißen und zum Teil extreme, trockene und nährstoffarme Sonderstandorte schaffen. Auf diesen Blockschutthalden werden vor allem Zirben eine Ansiedlungsmöglichkeit finden, während Lärchen besser in Bestandslücken aufkommen, die durch Hangrutschungen oder Stürme geschaffen werden.

Natürliche Prozesse werden so ganz von selbst für das Überleben der beiden Pionierbaumarten in einem naturnahen, vielgestaltigen Waldökosystem sorgen.

Bewegung am Südrand der Taiga

Warum gibt es natürlichen Wald, wo es viel zu geringe Niederschläge seit Langem eigentlich gar nicht zulassen? Befindet er sich auf dem Rückzug, stirbt er sogar ab oder erneuert er sich und breitet sich vielleicht weiter aus?

Zur Klärung dieser und weiterer Fragen machten wir uns 1995 auf den Weg ins Uws-Nuur-Gebiet im äußersten Nordwesten der Mongolei. Der salzige Uws Nuur ist mit einer Fläche von etwa 3550 Quadratkilometern der größte See des Landes und liegt auf einer Höhe von 759 Metern über dem Meer. Das Besondere an dieser Region ist ähnlich wie in den italienischen Nordwestalpen die enorme Reliefenergie[90]. In diesem Fall steigt das Gelände auf relativ kurzer Distanz vom Uws-Nuur-Becken bis auf über 3500 Meter im Turgen-Kharkhiraa-Gebirge, einem nördlichen Ausläufer des Altai.

Die Berghänge rund um das Uws-Nuur-Becken sind durch inselartig verbreitete, scharf gegen die umgebende Steppe abgegrenzte Lärchenwälder gekennzeichnet. Sie markieren die Übergangszone zwischen dem Südrand der sibirischen Taiga und den Steppen Eurasiens und werden deshalb als *Pseudotaiga* beziehungsweise *Gebirgswaldsteppe* bezeichnet. Ihre dominante Baumart ist ein schattenunverträglicher Pionier: die Sibirische Lärche (*Larix sibirica*). Sie ist die bei Weitem häufigste Baumart des Landes und dafür bekannt, sehr niedrige Temperaturen zu ertragen. Sibirien ist die Kernzone ihres natürlichen Verbreitungsgebietes.

In der Mongolei ist die Temperaturdifferenz zwischen Sommer und Winter besonders ausgeprägt, da durch die enorme Entfernung zu den Ozeanen die ausgleichende Wirkung großer Wassermassen fehlt. Die Januar-Temperaturen von Ulan Gom, der zwischen dem Uws Nuur und dem Kharkhiraa-Gebirge gelegenen Provinzhauptstadt, liegen unter minus 30 Grad Celsius, in den Sommermonaten werden über 20 Grad erreicht. Gleichzeitig liegen die Niederschläge im langjährigen Mittel deutlich unter 200 Millimeter pro Jahr. Damit ist es für das Auftreten von Wäldern eigentlich viel zu trocken.

Innerhalb dieser Zone befinden sich die Lärchenwälder zwischen 1700 Meter (Untergrenze) und 2500 Meter (Obergrenze) ausschließlich an Nordhängen, während die umgebende Landschaft von baumfreier Steppe bestimmt wird. Diese Verteilung ist hauptsächlich auf Unterschiede in der Sonneneinstrahlung zurückzuführen. An Nordhängen führt die geringere Einstrahlung zu feuchteren Standortbedingungen, die das Waldwachstum ermöglichen. Anders als in den Alpen gibt es hier eine durch Trockenheit bedingte sogenannte *hygrische Baumgrenze*. Auch die Talsohlen sind deshalb waldfrei, und so sind die einzigen Wälder in dieser Landschaft inselförmig verteilt.

Durch diese besonderen Gegebenheiten befinden sich die Lärchenwälder in einer hochsensiblen Grenzsituation. Wie würde sich die andernorts im Baumwachstum nachvollziehbare Klimaänderung, wenn überhaupt, hier niederschlagen? Bei der Beantwortung dieser Frage sind gleich drei Faktoren zu berücksichtigen, die die Waldentwicklung in der jüngeren Vergangeheit beeinflusst haben könnten: Kahlschlagwirtschaft, nachlassende Beweidungsintensität und eben sich ändernde klimatische Rahmenbedingungen.

In der Dendrochronologie werden anhand des Wachstums der Jahrringe von Bäumen, also des jährlichen Zuwachses im Stammdurchmesser, Rückschlüsse auf deren Alter und die Entwicklung des Klimas am Wuchsort gezogen. So war diese Methode das Mittel der Wahl, wir entnahmen Bohrkerne von Bäumen auf 43 Testflächen.[91]

Die Proben geben Aufschluss über die Waldentwicklung während der letzten Jahrhunderte. Auch diese Lärchenbestände sind Altersklassenwälder, die sich aus Kohorten zusammensetzen. Die ältesten Bäume sind über 350 Jahre alt. In den lichten, parkartigen Altbeständen können bis zu 400 Bäume pro Hektar auftreten, in jüngeren Beständen bis zu 35 000!

Oft aber sind die Altbestände bereits von jüngeren Kohorten unterwandert, die sich nach 1830 etabliert haben. Die Verjüngungsschübe, also die Etablierung neuer Baumgenerationen, nahmen seit 1880 allmählich zu, seit 1930 in erheblichem Maße. Zwischen 1935 und 1975 waren sie sogar ausgesprochen häufig. Etwa 1935 setzte, ähnlich wie in Europa, auch eine höhenwärtige Verschiebung der Baumgrenze ein, verbunden mit der Verdichtung der Baumbestände in diesem Bereich. So dehnt sich der Wald seit Beginn des 20. Jahrhunderts allmählich in die umgebende Steppe aus, an seinen seitlichen, oberen und unteren Rändern.

Vereinzelte Brandmale an alten Bäumen weisen darauf hin, dass auch Feuer in den Wäldern auftreten. Gräbt man etwas in die Tiefe, stößt man auf Holzkohle. Die Borke großer Lärchen kann eine Dicke von mehr als zehn Zentimetern erreichen. Dadurch sind die alten Bäume vor Feuern relativ gut geschützt, während kleinere Bäume durch Brände aus dem Bestand genommen werden. Auch dadurch kann die Entstehung der Kohortenstruktur zusätzlich gefördert werden, ebenso wie durch Beweidung.

Grundsätzlich ist davon auszugehen, dass eine Vielzahl von Faktoren, vom Klima über die Bestandsdichte bis hin zu Feuern und Beweidung, über die Waldstruktur und die erfolgreiche Etablierung des Jungwuchses entscheidet. Da die Jahrringe in den Bäumen aber seit 1835 durchweg und anhaltend hohe Zuwachsraten aufweisen, ist eine Veränderung des Klimas, insbesondere hin zu feuchteren Bedingungen, in Betracht zu ziehen. Leider gibt es in diesem Gebirge keine langfristig aufzeichnenden Klimastationen, und die Angaben der einzigen in der Nähe liegenden Station stammen aus dem Halbwüstenklima der vor dem Gebirge liegenden Stadt Ulan Gom.

Stühlerücken im Regenwald

Die Verfügbarkeit von Wasser bestimmt die Verteilung von Pflanzen auf der Erde. Klimaelemente wie Temperatur, Niederschlag und Luftfeuchtigkeit spielen dabei eine zentrale Rolle. Änderungen dieser Faktoren können bei Pflanzen erheblichen Stress auslösen und ihr Wachstum ebenso wie ihre Fortpflanzung gefährden.

Das gilt – wie gezeigt – auch für Bäume.

In Lebensgemeinschaften von Pflanzen reagieren die einzelnen Arten individuell auf den Klimawandel, auch wenn beispielsweise die Gesamtstruktur eines Waldes äußerlich lange Zeit unberührt bleibt. Änderungen der Klimafaktoren wirken sich zunächst innerhalb des Waldes aus, indem sie schleichend die Wettbewerbsfähigkeit der Arten beeinflussen. Weichen Niederschlagsmuster, Temperaturen und Lichtverfügbarkeit plötzlich stark von den üblichen Werten ab, kann das unter anderem eine erhöhte Sterblichkeit und geringeren Fortpflanzungserfolg nach sich ziehen. Um solche Umbrüche zu überstehen, müssen sich betroffene Spezies entweder an die neuen Bedingungen anpassen oder in geeignetere Gebiete ausweichen.

Wie schon am Beispiel der Alpen gezeigt, führt die globale Erwärmung zu höhenwärtigen Verschiebungen der Verbreitungsgrenzen von Baumarten. Wird es in der Höhe wärmer, folgt auch die Vegetation aus tieferen Lagen in den hangaufwärts liegenden, neu verfügbaren Lebensraum. Während diese Prozesse im Alpenraum seit Langem fest im Blick einer internationalen, in jeder Hinsicht hervorragend ausgerüsteten Forschergemeinde sind, bleiben vergleichbare Untersuchungen in vielen Ländern der Tropen und Subtropen trotz der überragenden Bedeutung dieser Gebiete für die Erhaltung der biologischen Vielfalt bisher eine Ausnahme.

Nun ist anhand der vielen Belege aus dem Alpenraum der Gedanke naheliegend, eine anhaltende Erwärmung würde in einem Gebirge grundsätzlich zur Wanderung von Baumarten *nach oben* führen. Das ist aber ein Klischee, das nicht kurzerhand auf Bergwälder anderer Klimazonen übertragen werden kann. Die Muster von Arealverschiebungen in tropischen und subtropischen Gebirgen sind aufgrund der dort viel größeren Artenvielfalt wesentlich komplexer als im Rest der Welt.

Das zeigt zum Beispiel die aktuelle Studie einer Arbeitsgruppe der University of Sterling (Großbritannien). Um der Frage nachzugehen, wie sich Baumarten in subtropischen Bergwäldern im Zuge des Klimawandels verhalten, wurde anhand von Daten des nationalen taiwanesischen Waldinventars die Ober- und Untergrenze der Verbreitung von

75 Baumarten bestimmt und die räumliche Verteilung von Jung- und Altbäumen jeweils der gleichen Art miteinander verglichen.[92]

Wo die Verbreitungsschwerpunkte des Jungwuchses von jenen der erwachsenen Bäume abweichen, kann auf eine Änderung der Lebensbedingungen geschlossen werden. Wenn also junge Bäume einer Art schwerpunktmäßig unterhalb des Hauptvorkommens der alten verbreitet sind, kann eine hangabwärtige Verschiebung des Areals prognostiziert werden – und umgekehrt.

Solche »Fehlpaarungen« der Lebensstadien von Baumpopulationen sind in den bis auf knapp 4000 Meter hinaufreichenden Gebirgen Taiwans inzwischen ausgesprochen häufig. Allerdings deuten sie nur bei 35 Prozent der Arten auf eine gipfelwärtige Verschiebung des Areals hin. Mehr als die Hälfte der Baumarten, 56 Prozent, orientiert sich offensichtlich hangabwärts. Nur noch bei 8 Prozent decken sich die Areale von Jung- und Altbäumen, ihr Verbreitungsgebiet bleibt also vorerst stabil. Bei 57 Prozent scheint sich das Areal auszudehnen, bei 43 Prozent zu schrumpfen.

Bei näherem Hinsehen stellt sich heraus, dass Baumarten mit einem höher gelegenen Verbreitungsschwerpunkt eher dazu neigen, ihre obere Verbreitungsgrenze in Richtung Gipfel zu verschieben. Arten mittlerer und tiefer Lagen hingegen zeigen in ihrem Verhalten eine viel größere Bandbreite, darunter 17, die ihr Areal sowohl hangabwärts als auch hangaufwärts ausdehnen.

Woran liegt das?

Diese Frage können wir nicht so leicht beantworten. Hinter solchen einfachen Zahlen stehen enorm komplexe Wechselbeziehungen, sowohl der Bäume untereinander als auch mit ihrer Umwelt. Die individuellen Reaktionen der Baumarten auf Umweltfaktoren wie Konkurrenz, Geländeform und direkte menschliche Einflussnahme in einem breiten Spektrum verschiedener Waldtypen erfordern, dass die Ursachen des Verhaltens letztlich für jede Baumart einzeln erforscht werden müssen. Was aber aus den oben genannten Zahlen schon jetzt mit großer Sicherheit abgeleitet werden kann, sind weitreichende Veränderungen der Waldgemeinschaften in naher Zukunft.

Und dass im Monsunklima Taiwans ganz offensichtlich nicht nur die Temperatur die Verbreitung der Baumarten steuert.

Tropische und subtropische Bergregenwälder hängen stark von stabilen Bedingungen gleich mehrerer Klimavariablen ab und reagieren daher sehr empfindlich auf Änderungen dieser Variablen. Das macht sie zu hervorragenden Horchposten für die Erkennung von Bedrohungen durch den Klimawandel. Sie veranschaulichen auf eindrucksvolle Weise seine möglichen Folgen für natürliche Ökosysteme und deren Fähigkeit zur Bereitstellung von Ökosystemleistungen wie Wasserrückhaltung und Erosionsschutz.[93]

Bergregenwälder sind der vorherrschende Waldtyp in Gebieten mit maximaler Wolkenbildung in Gebirgszügen der Tropen und Subtropen. Ihre horizontale Ausdehnung wird global mit circa 924 000 Quadratkilometern angegeben, was ungefähr 15 Prozent des noch vorhandenen tropischen Regenwaldes entspricht. Das häufige oder dauerhafte Vorhandensein einer dichten Wolkenschicht in bestimmten Höhenintervallen entlang von Gebirgszügen ist *die* Schlüsselbedingung ihrer Existenz. Der durchschnittliche Niederschlag in diesen Gebieten liegt zwischen 1200 Millimeter und über 7500 Millimeter pro Jahr. Zusätzliche Feuchtigkeit erhalten sie durch das direkte Abfangen von Wolkenwasser durch die Baumkronen, das sogenannte *Cloud Stripping*. Diese außergewöhnlich nassen Bedingungen führen zu reduzierter Sonneneinstrahlung und Evapotranspiration[94] von Bäumen, aber wegen der ausgleichenden Wirkung des Wassers auch zu geringeren Temperaturschwankungen. Die mittlere Jahrestemperatur beträgt 18 bis 20 Grad Celsius an der unteren Verbreitungsgrenze und etwa 10 Grad Celsius an der Obergrenze.

Das Band der maximalen Wolkenbildung hängt stark von der Ausrichtung und Form der Gebirgszüge ab. Normalerweise liegt es zwischen 1200 und 2500 Meter über dem Meeresspiegel. In vielen Regionen beginnt der Gürtel des Bergregenwaldes jedoch schon in tieferen Lagen, zum Beispiel auf den tropischen pazifischen Inseln, wo die Bergwaldstufe wegen der geringen Landmasse wenige Hundert Meter über dem Meer beginnt. Das obere Extrem stellen die Nebelwälder

der Anden, die bis auf 3900 Meter über dem Meeresspiegel hinaufreichen.

Die Position des Gürtels mit maximaler Niederschlagsmenge in den Bergen hängt auch vom Feuchtigkeitsgrad der angrenzenden Vorländer ab. Das bedeutet, dass gravierende Veränderungen der Vorlandökosysteme, zum Beispiel die Abholzung dort verbreiteter Tieflandregenwälder, infolge der dann trockeneren Verhältnisse zu einer geringeren Wolkenbildung über den nahe gelegenen Bergregenwäldern führen – mit entsprechenden Konsequenzen für Arten, die auf extreme Feuchtigkeit angewiesen sind.

Zu den zahlreichen Folgen des sich in tropischen und subtropischen Bergwäldern abzeichnenden Wandels gehört vermutlich auch die Verringerung des Lebensraums für wild lebende Tiere. Gleichzeitig erhöht sich die Invasibilität, also die Zugänglichkeit der natürlichen Wälder für gebietsfremde Arten, und damit die Wahrscheinlichkeit der Entstehung neuartiger Pflanzen- und Tiergemeinschaften, sogenannter *novel ecosystems*, was den dauerhaften Verlust einheimischer Arten und damit genetischer und pharmazeutischer Ressourcen zur Folge haben würde.[95]

Jenseits dieser schleichenden Veränderungen hat der Klimawandel manchmal recht unmittelbaren Einfluss auf die Struktur tropischer Bergregenwälder, beispielsweise durch häufigere extreme Wetterereignisse wie Wirbelstürme und Starkregen, die an steilen Hängen regelmäßig Erdrutsche auslösen und Löcher in die geschlossenen Waldstrukturen reißen. Die Vielzahl menschlicher Einflüsse erhöht die Komplexität der Wechselwirkungen und vermindert die Fähigkeit der Wälder zur Regulierung von Naturgefahren.

Sehr viele Fragen zu den möglichen Auswirkungen des Klimawandels auf die Dynamik des Ökosystems Regenwald und der von seinem Funktionieren abhängigen Bevölkerung bleiben noch offen. Sie erfordern umfassende und langfristige weitere Untersuchungen in oft ausgesprochen unwirtlichen, entlegenen Landstrichen. Das ist logistisch aufwendig und körperlich anstrengend.

Und doch unumgänglich.

Dieback im Outback

Es gibt wohl kein anderes Land auf der Erde, in dem der Zusammenhang zwischen Dürren und Baumtod so klar gesehen wird wie in Australien. Legendären Dürren gibt man dort sogar eigene Namen. Da ist die von 1895 bis 1903 während *Federation Drought*, die ganz Ost-Australien fest im Griff hatte und die ihren Namen der in jener Zeit vollzogenen Staatsgründung Australiens verdankt. In ihrer schlimmsten Phase, zwischen November 1901 und Oktober 1902, empfing fast die gesamte Osthälfte des Kontinents weniger als ein Viertel der üblichen Regenmenge, und das nach mehreren Jahren ohnehin zu geringer Niederschläge.[96]

Später gab es die räumlich weniger ausgedehnte *World War II Drought* (1937–1945). Beide Dürren waren aber nur die Extreme einer Jahrzehnte während Trockenphase, der sogenannten *Dust Bowl period*, die bis 1945 andauerte und zum Verlust landwirtschaftlicher Nutzflächen infolge nicht angepasster Landnutzung, insbesondere eines zu hohen Besatzes mit Weidevieh, führte. Massive Sand- und Staubstürme bliesen die bis dahin durchaus fruchtbaren Böden einfach aus der Landschaft.

Auch viele Bäume starben ab. Der Brisbane Courier schrieb am 15. Mai 1902:

»Auf den Hügeln hinter Crow's Nest sterben viele Ironbark-Bäume, während auf den Höhen um das Goomburra-Tal zahllose ›gum trees‹ zu Grunde gehen. Ihre toten Blätter tauchen die Hügel schon aus der Ferne in rotbraune Farbe. So etwas hatten die Bewohner der Downs in den über 40 Jahren ihrer Anwesenheit niemals zuvor gesehen.«

Zahlreiche Zeitungen berichteten landauf, landab von ähnlichen Ansichten und Vorgängen. Diese Dürre tötete offensichtlich ausnahmslos alle Baum- und Straucharten in den betroffenen Gebieten, insgesamt fast drei Millionen Quadratkilometer. In den entsprechenden Beiträgen werden immer wieder absterbende Bestände der bis 18 Meter hohen und weit verbreiteten Akazienart *Mulga* (*Acacia aneura*) ausdrücklich genannt, ferner der kleineren *Mangart* (*Acacia acuminata*), der bis 30 Meter hohen Schmuckzypresse (*Callitris glaucophylla*), der bis 20 Meter hohen Eukalyptusarten *Black Box* (*Eucalyptus largiflorens*) und *River Red Gum* (*Eucalyptus camaldulensis*) sowie *Leopardwood* (*Flindersia maculosa*) und der Sandelholzart *Waang* (*Santalum spicatum*). Mit den Bäumen starben auch die Tiere – unter den Vögeln insbesondere die Emus, *Magpies*, *Butcherbirds*, *Cockatoos* und *Jackasses*. Verhungerte Kängurus hingen tot in den Bäumen, weil sie völlig entkräftet versucht hatten, kletternd die letzten grünen Blätter von höheren Zweigen zu erhaschen. Überall verendeten Koalabären, *Wallabies*, *Opossums* und *Bandicoots*, und natürlich blieben auch die Farmtiere – Schafe, Rinder und Pferde – nicht verschont. Schon in den ersten Jahren der *Federation Drought* waren ganze Landstriche mit ihren Kadavern übersät.

Beobachtet wurde zudem, dass die vom Menschen eingeführten und zur Landplage gewordenen Kaninchen, nun ebenfalls verhungernd, nicht nur den Schwund der restlichen Grasnarbe beschleunigten, sondern verzweifelt die Rinde von Bäumen abnagten, was ebenso zu deren Absterben beitrug. Die austrocknenden Gewässer hingegen machten ihre riesigen Krokodil-Bestände sichtbar, was man hier und da für deren massenhaften Abschuss nutzte. Die übrigen Krokodile versuchten abzuwandern und verendeten nicht selten in der freien Landschaft.

Interessanterweise werden im gleichen Artikel im Brisbane Courier auch frühere Baum- und Strauchsterben erwähnt, über deren Ursache wohl schon lange spekuliert wurde:

»Seit Anbeginn der Landnahme in den *Black Soil Downs* haben die *Bushmen*[97] darüber diskutiert, welche Ursache wohl die ausgedehnten Totholzbestände in den *Mulga*, *Gydia* und *Beree*-Buschländern hervorgebracht haben könnte. Manche schrieben sie Feuern zu, andere einem Kälteeinbruch, möglicherweise mit Schnee; wieder andere einem Massenauftreten von Raupen, die alle Blätter fraßen und so die Bäume umbrachten. Aber wenn man nun die sterbenden Bäume in allen Distrikten West-Queenslands sieht, scheint die Schlussfolgerung naheliegend, dass Dürre die Ursache hinter Tausenden von Quadratmeilen kahlem Buschland ist.«

Heute gilt die *Federation Drought* als exemplarisches Studienobjekt für die Frage, mit welchen Konsequenzen wir bei künftigen Megadürren rechnen müssen. Auch wenn dieses Extremereignis schon lange her ist, können doch bestimmte Muster seines Fußabdrucks rekonstruiert werden. So starben etwa Bäume und Sträucher vor allem auf Höhenzügen und geneigtem, flachgründigem Gelände ab, wo die Pflanzen in besonderem Maße von Niederschlägen abhängig sind. Die der Topografie – also der Geländeform – folgende Entwicklung von Dürresymptomen wurde auch schon von Lyon in Hawaii beobachtet. Sie spiegelt die allmähliche Ausbreitung der Bodentrockenheit von höher gelegenen Standorten hin zu relativ niedrig gelegenen wider. Letztere liegen normalerweise näher am Grundwasser, können also das Ausbleiben von Regenwasser länger kompensieren.

Hundert Jahre später, während der *Millenium Drought* oder *Big Dry* (2000–2009), gab es in diesem Punkt einen auffallenden Unterschied zur *Federation Drought*. Zu Beginn des Jahrtausends starben im Südosten Australiens sogar Auwälder entlang regulierter Flüsse ab. Das hängt wohl damit zusammen, dass die stärkere Wasserentnahme durch den wirtschaftenden Menschen in Zeiten geringer Niederschläge eine entscheidende zusätzliche Belastung für die Bäume darstellt. Man spricht in diesem Zusammenhang jetzt auch von *Hyperdürren* (*hyper droughts*), die selbst grundwassernahe Wälder nicht mehr verschonen.

Von der *Millenium Drought* betroffen waren zwar unterschiedliche Waldtypen in verschiedenen Teilen des Kontinents, doch handelte es sich dabei überwiegend um Nutzwälder – zu dicht gepflanzte Forste der aus Kalifornien eingeführten, extrem schnell wachsenden Monterey-Kiefer (*Pinus radiata*), die bei einem Stammzuwachs von bis zu drei Zentimetern pro Jahr bereits nach 40 Jahren Wuchshöhen von 60 Meter erreichen kann. Daneben erwischte es auch 57 000 Hektar schlecht gepflegter Pflanzungen von *Blue Gum*, dem bis 35 Meter hohen Blauen Eukalyptus (*Eucalyptus globulus*).

Dennoch – als man die Absterbevorgänge während der *Millenium Drought* genau unter die Lupe nahm und versuchte, sie mit den Klimaanomalien jener Zeit in Zusammenhang zu bringen, ließ sich in vielen Teilen des Landes keine unmittelbare Abhängigkeit vom Niederschlag berechnen. Das lag am Fehlen flächenscharfer Klimadaten.

Zuvor schon, in den 1980er Jahren, gab es ein weiteres Großereignis in Sachen »Waldsterben«, das sogenannte *Rural Dieback*. Damals – wohl auch unter dem Einfluss der Debatte über die anderen *Dieback*-Ereignisse im gesamten Pazifikraum – wurde auf sehr komplexe Weise über die Ursachen nachgedacht, zumal *dieses Dieback* nicht kurzerhand auf eine Dürre zurückgeführt werden konnte. Neben der raschen Aufeinanderfolge von Dürren und Extremniederschlägen hatte wohl auch starke Beweidung Einfluss auf die Baumbestände. Insektenkalamitäten sorgten schließlich für das Absterben vieler Bäume.

Und zuletzt war da die *Black Summer Drought* 2017 bis 2020.

2019 erlebte der Osten Australiens sein heißestes und trockenstes Jahr seit Menschengedenken. Die um die Welt gehenden, erschütternden Bilder von ausgedörrtem Farmland, Waldbränden und versengten Waldtieren – insbesondere Koalabären – sind vermutlich noch in allgemeiner Erinnerung. Die extreme Dürre führte unter anderem zum massiven Absterben der Baumkronen in vielen Eukalyptuswäldern.

Aus wissenschaftlicher Sicht bietet das Extremereignis *Black Summer Drought* eine ausgezeichnete Gelegenheit, die Auswirkungen von Hitze und Dürre auf den Stoffwechsel der Bäume mit neuesten Methoden zu untersuchen. Im Mittelpunkt dieser Spitzenforschung steht genau der Aspekt, den Allan Auclair 30 Jahre zuvor als vermutliche Ursache des pazifikweiten *Dieback* unter anderem von Eukalyptus-Bäumen in Australien und *Ohia*-Bäumen in Hawaii logisch herauskombiniert hatte: Kavitation, die Entstehung von winzigen Dampfblasen in den wasserführenden Gefäßen der Pflanzen. Beim Transport des Wassers von den Wurzeln in die Baumkronen kann das bei Wassermangel und Hitzestress durch das Abreißen des Transpirationssogs zu tödlich verlaufenden Embolien führen.[98]

Inzwischen ist es wesentlich leichter geworden, diese Fehlfunktion im Organismus der Bäume nachzuweisen. Eine Arbeitsgruppe um Rachael Nolan vom Hawkesbury Institute for the Environment der Western Sydney University untersuchte im Bundesstaat New South Wales anhand von drei Eukalyptusarten die Rolle von Embolien und Baumhöhe beim Kronensterben im Jahr 2019. Es stellte sich heraus, dass die Bäume mit dem größten Laubverlust auch die meisten Embolien aufwiesen. Im Gegensatz dazu zeigten jene, deren Laubdach nur teilweise verloren ging, auch deutlich weniger Embolien. Zunehmender Verlust der Wasserleitfähigkeit durch Kavitation bedingt also – wie von Auclair vermutet – tatsächlich die Entlaubung dieser Bäume.

Bei zwei Arten starben relativ kleine Individuen ab, bei anderen Arten sind große Bäume anfälliger für Kavitation. In jedem Lebensstadium beeinflussen Umweltbedingungen Wachstum, Widerstandskraft und Sterblichkeit auf jeweils unterschiedliche Weise. Die falsche Größe kann ebenso tödlich sein wie das falsche Alter.

Eukalyptus-Bäume wurzeln zwar sehr tief, aber auch in größerer Bodentiefe ab drei Meter steht Wasser nicht unbegrenzt und auch nicht immer zur Verfügung. Das Angebot an Bodenwasser schwankt von Jahr zu Jahr. Man schätzt, dass es etwa einen Monat dauert, bis es im Falle einer Hitzewelle aufgebraucht ist. Mit dem abnehmenden Bodenwasserpotenzial[99] sinkt auch die Fähigkeit der Bäume, Fotosynthese zu betreiben.

Inzwischen weiß man, dass der Organismus der Eukalyptus-Bäume zwei Phasen durchläuft, wenn das Wasser knapp wird. Phase I hat etwas Überraschendes. Bei Experimenten stellte sich heraus, dass die Transpiration über die Blattoberflächen während der Hitzewellen normal weiterging. Die Bäume versuchen offensichtlich zunächst, per Verdunstung von Wasser ihre Blätter kühl zu halten.[100]

Erst in Phase II werden die Spaltöffnungen der Blätter geschlossen. Damit kappen die Pflanzen die Verbindung zum Boden, ihr Organismus wird sozusagen vom sinkenden Wasserpotenzial im Boden entkoppelt, um Embolien zu vermeiden. Ab diesem Moment hängen sie von dem Wasser ab, das sie schon in ihrem Gewebe gespeichert haben.

Dann ist es nur noch eine Frage der Zeit, bis das Wasser im Organismus aufgebraucht ist, denn es geht ja weiter durch Verdunstung über die Blattoberflächen verloren. Während dieser Phase beginnt der Laubabwurf und nimmt immer mehr zu, um die Verdunstungsfläche zu verkleinern und so Wasser zu sparen. Man kann die voraussichtliche Überlebensdauer eines Baumes anhand von Messungen an den Blättern einschätzen, indem die Menge des in der Pflanze vorhandenen Wassers mit der messbaren Verdunstung verrechnet wird.

Wir können noch nicht für viele Baumarten genau vorhersagen, unter welchen Umständen sie wann absterben. Für die weitaus meisten Arten gibt es noch keine entsprechende Forschung, die ja sehr aufwendig ist. Allerdings rücken plausible Vorhersagen zur Baumsterblichkeit in Australien auf Grund der sich immer weiter anhäufenden Erkenntnisse zunehmend in den Bereich des Möglichen. Durch Modellierungen vorhergesagte Muster des *Dieback* nähern sich den tatsächlich durch Fernerkundung belegbaren immer mehr an.

Die räumliche Verteilung der Regenfälle in Australien deckt sich mit der Klimaverträglichkeit der einheimischen Baumarten in ihrem natürlichen Verbreitungsgebiet. Das heißt, dass Bäume, die außerhalb ihres natürlichen Verbreitungsgebietes gepflanzt werden, in dem sie in Jahrhunderttausenden unter den dortigen klimatischen und anderen Umweltbedingungen herausselektiert wurden, anderswo notwendigerweise eine geringere Verträglichkeit gegen klimatische Extreme aufweisen. Das erinnert an das Schicksal vieler gepflanzter Fichten in Mitteleuropa.

Um die tatsächlichen Entwicklungen in der freien Landschaft besser und zeitnäher in den Blick zu bekommen, haben Wissenschaftler der Western Sydney University 2018 eine Plattform namens »The Dead Tree Detective« eingerichtet.[101] Dem Prinzip der *Citizen Science* folgend, also der Beteiligung der Öffentlichkeit an der Beobachtung von Naturphänomenen, gehen nun viele detaillierte und genau verortete Informationen aus dem Feld ein. Sie scheinen wenigstens zum Teil eine Erholung der Wälder seit 2020 zu dokumentieren. Nach ergiebigen Regenfällen belauben sich die Baumkronen wieder.

Sind die Wälder also trotz spektakulärer Baumsterben letztlich resilient gegen Dürren?

»Wir sollten nicht glauben, dass wir künftige Dürren überstehen werden, nur weil wir frühere überstanden haben«, meint Belinda Medlyn, die am gleichen Institut wie Rachael Nolan arbeitet. »Wir sollten es anders sehen. Denn zum einen zeigt die Vergangenheit nicht nur, wie widerständig viele Wälder gegen Dürren sind, sondern auch, wie tödlich lang anhaltende Trockenheit und Hitze sein können. Wir glauben, dass Wälder Dürren früher besser ertragen haben. Heute sind Dürren und Hitzewellen extremer.«[102]

Alle Daten deuten darauf hin, dass bei erwartbar häufigeren Dürren in Zukunft der Wassermangel in den Landschaften länger anhält und dann irgendwann keine ausreichenden Erholungsphasen für die Bäume mehr stattfinden. Zumal Hitzeereignisse in Australien seit 2015 enorm zunehmen. *Dieback* ist seitdem in manchen Regionen zu einem Dauerbrenner geworden.

Tatsächlich braucht es zur Erholung eines Baumes nach Trockenstress mehr als nur neue Blätter. Da Kavitation die für den Wassertransport benötigten Gefäße im Baum oft irreparabel schädigt, ist zur Erholung auch die Bildung eines neuen Xylems nötig. Dafür wiederum muss der Baum auf seine Stärkereserven, also letztlich den gespeicherten Kohlenstoff, zurückgreifen. Somit ist die Frage wichtig, wie viel verfügbaren Kohlenstoff ein Baum vorrätig hat und wie viel er davon benötigt, um das wasserführende System seiner Gefäße zu reparieren. Für das Durchstehen der Dürre sind Kohlenhydrate also nicht wichtig. Ob aber der Baum die Dürre langfristig überlebt, hängt sehr stark von seinem Vorrat an Kohlenhydraten ab.

Warum kommt es in Australien immer wieder zu diesen schweren Dürren, und das schon seit langer Zeit?

Regenfälle sind in Australien grundsätzlich sehr variabel, nicht nur regional, sondern auch von Jahr zu Jahr. Der Mittelwert wird selten eingehalten – es gibt normalerweise entweder Dürren oder sehr feuchte Jahre. Blickt man auf Klimaanomalien im Osten des Kontinents, ist man geneigt – ähnlich wie bei den Waldsterben auf den Pazifikinseln –, die Ursache zuerst im Pazifischen Ozean mit seinen bekannten trockenen Klimaereignissen, den El-Niño-Phänomenen, zu suchen.

Allerdings passt der Rhythmus von El Niño und La Niña nicht wirklich zu den extremen Ereignissen auf dem australischen Kontinent.

Die Megadürren müssen eine andere Ursache haben.

Könnten die Vorgänge vielleicht besser erklärt werden, wenn man nach Westen blickt, auf den weiter entfernten Indischen Ozean? Auch dort gibt es ein der *El Niño Southern Oscillation* (ENSO) vergleichbares

Phänomen, den erst 1999 entdeckten *Indischer-Ozean-Dipol* (IOD). Er bezeichnet Anomalien der Oberflächentemperatur im äquatornahen Osten und Westen des Indischen Ozeans, also vor der ostafrikanischen Küste und in der Region zwischen Indonesien und Australien. Ist der westliche Teil wärmer und der östliche Teil kühler als im Durchschnitt, spricht man von einem positiven IOD-Ereignis. Zu seinen Auswirkungen gehört eine geringere Verdunstung über der relativ kühleren Meeresoberfläche vor Australiens Küste und damit auch geringere Niederschläge im Landesinneren. Umgekehrt bringt ein negatives IOD-Ereignis starke Niederschläge ins Land.

Bisher war dieser Mechanismus vor allem interessant, um die Verläufe des indischen Monsuns besser erklären zu können. Um die relative Bedeutung von IOD und ENSO für die südostaustralische Dürre zu beurteilen, analysierte die Ozeanografin Caroline Ummenhofer von der Woods Hole Oceanografic Institution die Daten aller Jahre im Zeitraum 1889 bis 2006. Sie fand heraus, dass mehrjährige Dürreperioden stärker mit den Temperaturen im Indischen Ozean zusammenhängen als mit jenen im Pazifikraum.

Selbst La-Niña-Ereignisse, die normalerweise Regen erwarten lassen, konnten die Dürren auf dem Kontinent nicht durchbrechen. Dagegen unterscheiden sich in solchen Phasen die Häufigkeiten positiver und negativer IOD-Ereignisse deutlich von Phasen mit normalem Niederschlag. Negative IOD-Ereignisse bringen ungewöhnlich nasse Bedingungen, und es ist ganz offensichtlich ihr Ausbleiben, das den Osten Australiens seiner normalen Niederschläge beraubt und anhaltende Dürren erst ermöglicht. Die trockensten Bedingungen in weiten Teilen Australiens herrschen in Jahren, in denen ein El Niño und ein positives IOD-Ereignis gleichzeitig auftreten.[103]

Manche Folgen dieser Megadürren sind nicht umkehrbar und auch nicht leicht zu kompensieren, selbst wenn es in den Folgejahren viel regnet. Bei der Untersuchung von 161 Flusseinzugsgebieten im Südosten Australiens stellte sich sieben Jahre nach der *Millennium Drought* heraus, dass in rund einem Drittel auch trotz der längst wieder normalen Niederschläge noch immer nicht das alte Niveau der Abflussmenge erreicht wurde. Mehr noch: Beim überwiegenden Teil dieses Drittels zeichnete sich überhaupt keine Erholung ab. *Hydrologische Dürren* können also noch lange nach der auslösenden *meteorologischen Dürre* andauern. Die Wissenschaftler vermuten, dass diese langfristigen Veränderungen auf den Wasserverlust durch erhöhte Verdunstung in dürrebedingt entblößten Landstrichen zurückzuführen sind und die anhaltende Wasserverknappung Bäume anfälliger für klimatische und andere Störungen macht.[104]

Waldsterben als direkte Folge von Klimaveränderungen beeinflussen auch Tiere, die von der Struktur und Gesundheit ihres Waldlebensraums abhängig sind. Als im Süd-Sommer 2010/2011 extreme Hitze und Dürre zum Absterben der Baumkronen von 16 000 Hektar des Northern Jarrah Forest im Südwesten Australiens führten, veränderte der Verlust des grünen Daches auch den Lebensraum der im Wald wohnenden Tiere. Als man drei Jahre später die Reptilienbestände dieser Wälder untersuchte, hatte sich die Zusammensetzung der aus 24 Arten bestehenden Echsengemeinschaft verändert. Unter den in der Laubstreu und auf Bäumen lebenden Echsen kamen manche Arten nun häufiger vor, viele wurden seltener.[105]

Diese Unterschiede könnten mit der jetzt größeren Temperaturamplitude (also extremere Werte am oberen und unteren Ende der Skala) an von Dürre betroffenen Standorten zusammenhängen, da ohne das Schatten spendende Laubdach kein ausgeglichenes Waldinnenklima mehr existiert. Man schätzt, dass das extremere Klima für etwa die Hälfte der Arten bald unerträglich wird, also mit ihrem Aussterben zu rechnen ist. In der Region des Northern Jarrah Forest, einem sogenannten Biodiversitäts-Hotspot mit 784 Pflanzenarten, gehen die jährlichen Niederschläge schon seit den 1970er Jahren zurück, bei gleichzeitig steigenden Durchschnittstemperaturen. 2010 lagen die Niederschläge nur bei 50 Prozent des langjährigen Mittels. Im Anschluss folgte eine Serie von Hitzewellen im ersten Halbjahr 2011.

Auch die Strukturen am Waldboden hatten sich verändert. Grobes Totholz, zum Beispiel abgebrochene Äste, waren an den von Dürre betroffenen Standorten massenhaft verfügbar, während die Anhäufung von Laubstreu im Vergleich zu gesunden Wäldern deutlich zurückging. Gerade dieser Punkt hat auch fundamentale Auswirkungen für die Bodenfauna, also die komplexen Gemeinschaften der im Boden lebenden Kleinlebewesen. Die größeren unter diesen wiederum dienen den Eidechsen als Nahrung.

All diese Erfahrungen mit den Wäldern Australiens können dabei helfen, uns besser auf die in Mitteleuropa möglicherweise bevorstehenden Auswirkungen häufiger und stärker werdender Trockenperioden vorzubereiten.

German Angst reloaded

Alte Ängste in neuem Licht

Das Jahr 2018 brachte in Deutschland und seinen Nachbarländern extreme Trockenheit. Es war – nach der umfassenden Analyse des Waldsterbens der 1980er Jahre – leicht vorherzusehen, dass viele Bäume in den folgenden Jahren Stresssymptome bis hin zum Absterben aufweisen würden.

Dies ist erwartungsgemäß eingetreten.

Die derzeit intensiv geführte gesellschaftliche Debatte über die Folgen der Klimaerwärmung weist in die Richtung eines klimainduzierten, also durch besondere klimatische Rahmenbedingungen hervorgerufenen Waldsterbens. Das ist kein Wunder, denn seit einigen Jahren steht *der Klimawandel* samt seinen Folgen unmittelbar im Fokus der gesellschaftlichen Aufmerksamkeit.

Als Parallele zu den Vorgängen vor fast vierzig Jahren fällt auf, dass vorübergehend wieder die Erwartungshaltung vorherrschte oder geschürt wurde, es handle sich um linear fortschreitende, kaum aufhaltbare Prozesse. Wir sollten uns aber immer zumindest erinnern, dass aus Phänomenen, die uns Sorge bereiten, nicht unbedingt auf eine unumkehrbare, letztlich katastrophale Entwicklung geschlossen werden muss.

Gibt es also tatsächlich ein *Waldsterben 2.0*?

Absolut!, möchte man antworten, wenn man dem medialen Echo folgt. Im Fernsehen werden wieder spektakuläre Bilder von abgestorbenen Fichten- und Kiefernwäldern gezeigt. Dass es sich dabei eigentlich und überwiegend um ein »Forststerben« handelt, bleibt meistens unerwähnt. Bis in die 1980er Jahre galten Fichten und Kiefern als robuste Nadelhölzer, die man problemlos außerhalb ihres natürlichen Verbreitungsgebietes in naturfernen Monokulturen pflanzen und nutzen konnte. Angesichts ihrer großen Verbreitung erschienen sie der Allgemeinheit als naturnaher Bestandteil der Landschaft. Solche Bestände können aber bei anhaltender Erwärmung nicht dauerhaft krisenfest sein.

Trotzdem wird erneut ein allgemeines, deutschlandweites Waldsterben suggeriert. Von lokalen bis zu den nationalen Printmedien haben wohl die meisten das Thema seit 2018 aufgegriffen. Ein kurzer Blick in den Blätterwald sei hier erlaubt. »Angst vor neuem Waldsterben! Experte: Jahrhundert-Katastrophe, titelte die Bild.[106] »Problemfall Wald« hieß es in der Frankfurter Allgemeinen über dem Foto einer teilweise abgestorbenen, sehr dicht stehenden Fichten-Monokultur.[107] »Dem Wald geht's richtig dreckig«, schrieb die Zeit[108], »Bayerns Wälder sterben« ist ein Artikel in der Verbandszeitschrift des BUND Naturschutz in Bayern e. V. überschrieben.[109] »Wald braucht Hilfe«, meinte die Wochenzeitung im Pegnitztal.[110] Gemäßigter äußerte sich Spektrum der Wissenschaft, wo Professor Jürgen Bauhus, Direktor des Instituts für Forstwissenschaften der Universität Freiburg, die Vorgänge wohltuend präzise einordnete: »Wir haben es mit dem viertgrößten Schadereignis der vergangenen 30 Jahre zu tun.«[111]

Das klang schon weniger aufregend.

Plausch auf einer Brandfläche

»Ist *der* noch zu RETTEN?«, fragte süffisant das Zeit-Magazin in seiner Ausgabe vom 13. August 2020 gleich auf der Titelseite. Das Cover zeigt den markierten Stamm eines Baumes in einem Wald, wohl zur Fällung vorgesehen. »Der deutsche Wald könnte bald nicht wiederzuerkennen sein«, heißt es einleitend, aber immerhin ist der zugehörige Artikel mit »Der Wald der Zukunft« überschrieben. Eine Zukunft wird dem Ökosystem also nicht gleich vorauseilend abgesprochen.

Inhalt des Beitrags ist die Aufzeichnung eines Expertengesprächs, das unweit von Treuenbrietzen in Brandenburg arrangiert wurde. Eine Umweltethikerin, Uta Eser vom Büro für Umweltethik in Tübingen, ein naturschutzorientierter Waldforscher, Professor Pierre L. Ibisch von der Hochschule für nachhaltige Entwicklung in Eberswalde, und eine vom Holzverkauf lebende Waldbesitzerin und Vorsitzende des Vereins »Waldbesitzerinnen NRW«, Alexa Gräfin von Plettenberg, diskutieren die Lage der Dinge.

Man sitzt scheinbar entspannt in einem 2018 abgebrannten Kiefernforst, in dem verkohlte Baumstämme aus einem üppigen, frischgrünen, übrigens naturnahen Waldunterwuchs gen Himmel ragen. Auf dem Foto springen neben Kräutern zahlreiche vitale Schösslinge von Birken und Pappeln ins Auge. Der viele Hektar umfassende Waldbrand war vermutlich infolge der enormen Sommerhitze ausgebrochen, als sich noch verbreitet im Boden befindliche Munition aus dem Zweiten Weltkrieg entzünden konnte.

Gerade im Vergleich mit dem *Streitgespräch* von 1982 in Bild der Wissenschaft[112] lässt diese als »Wipfeltreffen zur Lage des Waldes« bezeichnete Gesprächsrunde schon etwas ironische Distanz zum ernsten Kern des Themas zu, der Interviewstil ist ebenso wie das Setting im Freien von einer durchaus wohltuenden Leichtigkeit geprägt. So etwas wäre in den frühen 1980er Jahren kaum denkbar gewesen. Es sei auch am Rande daran erinnert, dass das Gespräch im Jahr 1982 ausschließlich von Männern geführt wurde.

Die Gesprächsrunde ist zwar klein, aber überlegt zusammengestellt und spiegelt zwei konträre Positionen wider, die exemplarisch für die zeitgemäßen Sichtweisen auf den Wald stehen. Ohne Umschweife weist der Waldforscher Ibisch gleich eingangs darauf hin, dass der Brand zwar katastrophale Ausmaße hatte, es sich aber um eine gepflanzte Kiefern-Monokultur mit trockener Kiefernstreu gehandelt habe, ohne feuchten Humus und die komplexe, mehrstöckige Struktur eines Naturwaldes. »Durch so einen Wald zieht der Wind wie durch eine Halle. Am Ende lodert alles wie Zunder. Insofern sind die Ursachen dieser Brände menschengemacht. Forstwirtschaftsgemacht.«

Die Waldbesitzerin, Frau von Plettenberg aus dem fernen Sauerland, hat *dieses* Problem nicht, denn Waldbrände hat es bei ihr bislang nicht gegeben. Ihr Betrieb setzt überwiegend auf Fichtenbestände, die allerdings zu einem Drittel durch Trockenstress, Borkenkäfer und Sturmschäden »kaputt« sind. Auch die Laubbäume hätten Probleme durch Schadorganismen wie Eichenprozessionsspinner und pathogene Pilze. 2018 und 2019 waren die Niederschläge in ihrem Landstrich um etwa ein Drittel geringer als im langjährigen Mittel. Infolge des Klimawandels, so resümiert Frau von Plettenberg, ist das »Modell der Monokultur aus Kiefern oder Fichten« am Ende.

Der Waldökologe Ibisch empfiehlt, abgestorbene oder abgebrannte Waldflächen sich selbst zu überlassen, um die einsetzende natürliche Entwicklung zu beobachten. Die dann entstehenden, sich aus den natürlicherweise im Naturraum vorkommenden Baumarten rekrutierenden Laubwälder haben eine komplexere Struktur und sind deshalb auch feuchter, somit weniger anfällig für Trockenstress und Feuer, also letztlich die Auswirkungen des Klimawandels.

Das aber wäre nicht wirtschaftlich, entgegnet die Waldbesitzerin von Plettenberg, da es für schnell nachwachsende Pionierbäume wie Pappeln derzeit keine Verkaufsoption gibt. Sie sei für alternative Formen der Waldbewirtschaftung offen, aber der Waldumbau müsse so gestaltet werden, dass ihre Familie weiterhin vom Verkauf der Bäume leben könne. Zudem beobachte sie in ihren Wäldern, dass auch die standortgerechten Buchen inzwischen stark ausgedünnte Baumkronen hätten.

Es wird auch über die Möglichkeit diskutiert, exotische, an wärmere Klimate angepasste Baumarten anzupflanzen. Von Türkischer Tanne, Zeder und Blauglockenbaum ist die Rede. Hier zeigt sich, dass die Waldbesitzerin zwar eine Reihe gebietsfremder Arten in Erwägung zieht und zum Teil auch schon testet, doch herrscht diesbezüglich eine spürbare Unsicherheit. Denn auch wenn diese Baumarten dauerhaft mit einer anhaltenden Erwärmung und dem damit verbundenen häufigeren Trockenstress zurechtkämen, bliebe andererseits das Problem, dass sie gleichzeitig an anhaltende winterliche Kälte und gelegentlichen starken

Frost angepasst sein müssten, denn auch diese Erscheinungen werden auf unabsehbare Zeit zu unseren Naturräumen gehören.

Damit kehren einheimische Baumarten wieder zurück ins Licht des Interesses. Sie sind insgesamt nicht nur am besten an die hiesigen Standortverhältnisse (inklusive strengen Frost) angepasst, sondern auf vielfältige und natürliche Weise im jeweiligen Waldtyp vernetzt. Sogar mit ihren »Gegenspielern« leben sie schon lange erfolgreich zusammen. Dieses Ausmaß an lebenswichtiger Interaktion mit anderen Organismen wie etwa Pilzen, so argumentiert der Waldökologe Ibisch, sei von importierten Arten nicht zu erwarten, denn ein Wald sei mehr als eine »Ansammlung von Bäumen«.

Auch die Umweltethikerin Uta Eser ist bezüglich der Einbringung gebietsfremder Arten skeptisch, unter anderem, weil deren Verhalten manchmal unberechenbar ist und die Gefahr einer biologischen Invasion bestehen könnte, also einer kaum kontrollierbaren massenhaften Ausbreitung der Exoten jenseits forstlicher Pflanzungen. Um solches Verhalten einigermaßen sicher ausschließen zu können, sind zeitraubende, wissenschaftlich begleitete Versuchsreihen nötig. Deshalb gilt aus ethischer Sicht das Vorsorgeprinzip: »Ihm zufolge sollte man eine Handlung lieber unterlassen, wenn es begründete Zweifel an ihrer Harmlosigkeit gibt, als den hundertprozentig sicheren wissenschaftlichen Nachweis einer Gefährdung abzuwarten.«

Aufschlussreich ist, dass in der Runde nicht erwähnt wird, welche Rolle Trockenheit bereits beim »klassischen Waldsterben« der 1980er Jahre spielte. Wo das Gespräch auf das historische Ereignis Bezug nimmt, wird lediglich der »saure Regen« beziehungsweise »Schwefeldioxid« als damalige Ursache angesprochen.

Das ewige und längst widerlegte Narrativ vom »sauren Regen« als allgemeinem Hauptverursacher des Waldsterbens vor 40 Jahren bleibt nach wie vor übermächtig, auch wenn in der Gegenwart über den trockenen Wald im Klimawandel gesprochen wird. Der anhaltende Glaube an den sauren Regen als Auslöser des Waldsterbens ist ein zweischneidiges Schwert. Einerseits sensibilisiert er für die ernst zu nehmende Problematik von Luftschadstoffen, andererseits verstellt er den Blick dafür, wie lange schon die Folgen der Erderwärmung viele Wälder unter Stress setzen und wie lange schon wir uns um einen angepassten Waldumbau hätten kümmern können und sollen.

Der Extremsommer 2018, genau genommen

Was ist im berüchtigten Sommer 2018 eigentlich genau passiert, und wie ist es historisch einzuordnen?

Nach einem außergewöhnlich warmen, aber nicht außergewöhnlich trockenen Frühling kam es in Nord- und Mitteleuropa (einschließlich der Britischen Inseln) sehr unmittelbar zu einer starken Sommerdürre. Temperaturrekorde wurden in Holland, Belgien, Luxemburg, Deutschland und dem Vereinigten Königreich registriert.

Dies fügt sich nahtlos in den anhaltenden Trend für die gesamte Nordhemisphäre, wo in den Jahren 2016, 2017, 2018 und, ja, auch 2019 durchweg Rekord-Durchschnittstemperaturen erreicht wurden. Die Kombination eines »heißen« Frühlings mit einem unmittelbar anschließenden heißen und trockenen Sommer ist allerdings in dieser Ausdehnung bisher einzigartig. Folge war unter anderem eine vielerorts wahrnehmbare, schon sehr früh einsetzende Verbraunung (*Browndown*) der landschaftsprägenden Pflanzendecken infolge Austrocknung.[113]

Diese Wirkung auf Ökosysteme war jedoch im Prinzip nicht anders als jene der schon fast vergessenen Dürren in den Sommern 2003 und 2010. Vielleicht auch nicht gravierender als die Wirkung früherer Dürren, nur ist das schwer nachzuweisen, da die heute gängige Standardmethodik der Beobachtung – das Monitoring – erst in den frühen 2000er Jahren eingeführt wurde. Mit Hilfe dieser modernen Methoden, insbesondere der Fernerkundung, werden präzise räumliche und zeitliche Vergleiche erst möglich.

Global betrachtet war 2018 das viertwärmste Jahr seit 1880, mit einer zum Vergleichszeitraum 1880 bis 1900 um 0,79 Grad Celsius höheren Temperatur. Neben Mittel- und Nordeuropa wurden auch für den Mittelmeerraum, den Mittleren Osten und diverse Regionen der Südhemisphäre (inklusive der Ozeane) Rekordtemperaturen verzeichnet. Zu ungewöhnlichen Trockenperioden kam es ferner im Südwesten der USA und im Nordosten Chinas; weitere gab es in Sibirien und Kanada. Eine Folge waren ausgedehnte Brände unter anderem in Skandinavien, Großbritannien, Kalifornien und Sibirien.[114]

Zu den Besonderheiten Mittel- und Nordeuropas gehört, dass in diesen Regionen eine besondere Vielzahl an langfristigen Aufzeichnungen von Wetter und Klima, aber auch des Verhaltens von Ökosystemen und ihrer Schlüsselorganismen vorliegt. Dies versetzt die Wissenschaft in gleich dreifacher Hinsicht in eine günstige Lage: erstens die Reaktionen der Ökosysteme auf Erwärmung und Trockenheit zu beurteilen, zweitens die treibenden Kräfte des Wandels herauszufiltern und drittens Modelle zur Vorhersage von Veränderungen zu optimieren.

Die Extreme von 2018 hatten enorme Auswirkungen unter anderem auf die Waldökosysteme Deutschlands, Österreichs und der Schweiz. Während des für das Pflanzenwachstum bedeutenden Zeitraums April bis Oktober lag die mittlere Lufttemperatur hier mehr als 3,3 Grad Celsius über dem langjährigen Mittel und damit 1,2 Grad Celsius über dem Wert des bekannten Trockenjahres 2003. Insgesamt war es in Europa wohl der heißeste Sommer seit dem Jahr 1500.[115]

Unter diesen Bedingungen kam es unter anderem zum vorzeitigen Laubwurf bis hin zum Absterben vieler Bäume. Da der Wassermangel in vielen Landschaften auch in den Folgemonaten nicht durch ausreichende Niederschläge ausgeglichen wurde, wurden die dauerhaft unter Trockenstress stehenden Bäume anfällig für sekundäre Effekte wie Insekten- und Pilzbefall. Überhaupt scheinen viele mitteleuropäische Waldbaumarten extreme Sommertrockenheit und Hitzewellen schlechter zu verkraften als bisher angenommen.[116]

Rechnet man die ebenfalls trockene Phase des Jahres 2019 hinzu, ergibt sich der Blick auf ein noch außergewöhnlicheres, sogenanntes *zusammengesetztes Ereignis* (*compound event*): Die Kombination zweier direkt aufeinanderfolgender trockenheißer Sommer, die eine noch Jahre anhaltende Erschöpfung der Wasser- und Kohlenstoffreserven hervorruft, selbst wenn die darauffolgenden Bedingungen deutlich günstiger, also zum Beispiel niederschlagsreich sind. Das bedeutet anhaltend geringeres Baumwachstum und eine bleibende Anfälligkeit für Schädlinge und weitere Trockenperioden.[117] Insofern verkörpert der bisher feuchte und kühle Sommer des Jahres 2021 in zahlreichen Teillandschaften in Mitteleuropa zwar eine Verschnaufpause für die Vegetation, aber vielerorts wohl noch keine Rückkehr zu den noch relativ ausgeglichenen Boden- und Grundwasserverhältnissen der Zeit vor diesem zusammengesetzten Ereignis. Die Niederschläge von 2021 lagen in vielen Landschaften lediglich im Bereich des langjährigen Mittels, einen aus Sicht der Grundwasserpegel benötigten Überschuss gibt es nur stellenweise. Das bedeutet, dass dort die Trockenheit der Vorjahre in vielen Landstrichen noch nicht kompensiert werden konnte, die Grundwasserstände bleiben bisher eher niedrig. Zum Abpuffern eines weiteren Sommers der Qualität von 2018 würde das kaum reichen.

Auf der feuchten Seite der Extreme hat gerade der Westen Deutschlands im Juli 2021 neue Maßstäbe erfahren. Unser größtes Problem ist aber noch nicht einmal, dass die Werte an sich extremer werden. Durch das Zusammenwirken der Veränderungen entstehen möglicherweise Synergieeffekte, die alle bisherigen, auf den bis heute bekannten Mechanismen beruhenden Prognosen sprengen. Mit anderen Worten: Die negativen Überraschungen auf der Skala des Denkbaren dürften häufiger werden. Das haben die Hitze- und Dürrewerte des Sommers 2022 erneut bestätigt.

Aktuell müssen wir davon ausgehen, dass die Häufigkeit anhaltender und heißer Trockenperioden weiter zunimmt, solange wir die treibenden Faktoren, insbesondere die CO_2-Emissionen, nicht auf globaler Ebene eindämmen. Die bis Ende 2021 vorliegenden Zahlen lassen keine andere seriöse Schlussfolgerung zu. Auch jenseits der Extremwerte hat sich etwas Grundlegendes verändert. Die Vegetationsperiode, also der Teil des Jahres, in dem die klimatischen Gegebenheiten Pflanzenwachstum zulassen, hat sich in Mitteleuropa verlängert, und das verbessert auch die Lebensbedingungen von Schadinsekten, etwa der Borkenkäferarten.

In Deutschland sind infolgedessen seit 2018 bis zu 245 000 Hektar Wald abgestorben, wodurch bis zum Stichtag 30. Juni 2020 mindestens 178 Millionen Kubikmeter Schadholz angefallen sind.[118] In diese Zahl sind über das Land verstreute, abgestorbene Baumgruppen, die nicht zum Wirtschaftswald im engeren Sinn gehören, noch gar nicht eingerechnet. 2020 fiel mit 60,1 Millionen Kubikmetern fünfmal mehr Schadholz an als etwa 2015. Laut Statistischem Bundesamt gingen nicht weniger als 72 Prozent davon auf den Befall mit Schadinsekten im Nachgang der Extremsommer zurück.[119] Das klingt erschütternd, doch Andreas Bolte, Direktor des Thünen-Instituts für Waldökosysteme in Eberswalde, weist darauf hin, dass zumindest vorerst von einem »deutschlandweiten Waldsterben« nicht die Rede sein kann, da weniger als 5 Prozent der gesamten Waldfläche betroffen sind.[120]

Diese klare und nachvollziehbare Aussage steht in krassem Widerspruch zum Tenor der Massenmedien in diesem Zeitraum, die ähnlich wie in den 1980er Jahren kaum auf regionale Unterschiede eingehen. Die Notwendigkeit einer nach Baumarten, Naturräumen und Bundesländern differenzierten Betrachtung, die man Mitte der 1980er Jahre als elementar erkannt hatte, wird nicht herausgestellt. Erneut ist pauschal vom sterbenden »Deutschen Wald« die Rede, und erneut sind es forstliche Nadelbaumkohorten, insbesondere tote Fichten, die die apokalyptischen Bilder liefern und das Klischee bedienen.

Es entsteht vielfach der Eindruck, die Lehren aus dem großen Waldsterben jener Zeit seien völlig in Vergessenheit geraten.

Klimaschlauer Waldumbau

Was passiert, wenn Wälder, die normalerweise nicht von Dürren betroffen sind, plötzlich genau dies erfahren? Andreas Bolte geht davon aus, dass die derzeit rund ein Viertel der Gesamtwaldfläche einnehmende Fichte als dominierende Baumart künftig »vermutlich nur noch für feuchte und kühle Standorte im höheren Bergland über 600 Meter Meereshöhe« geeignet sei.[121] Dort befindet sich auch der natürliche Lebensraum von *Picea abies*, wie ihr wissenschaftlicher Name lautet. Es handelt sich um eine Baumart der höheren Mittelgebirge und der Alpen. Überall, wo die Fichte in Höhenlagen unter 600 Meter gepflanzt wurde, findet sie sich außerhalb der Standortbedingungen, an die sie sich im Laufe der Evolution anpassen konnte. Somit ist hier der Stress, wie schon erwähnt, bereits vorprogrammiert – für die Bäume, aber auch für die Waldbesitzer und -besitzerinnen.

Dagegen setzt der Trockenstress auch der natürlichen und am weitesten verbreiteten Hauptbaumart Mitteleuropas, der Buche, auf flachgründigen Standorten zwar zu, aber Schäden im Ausmaß der vorgenannten Art sind bei Weitem nicht anzutreffen.

Gleichwohl – selbst die Buche ist mancherorts geschädigt, und das gibt Anlass, in die Zukunft zu denken.

Die im Zeit-Gespräch erwähnte Ansiedlung von exotischen, also gebietsfremden Baumarten zur besseren forstlichen Nutzung bei trockenen Verhältnissen ist keine neue Idee. Auch hier lohnt ein Blick zurück auf die längst gemachten Erfahrungen mit diesem Ansatz.

Da ist zum Beispiel die nordamerikanische Robinie oder Scheinakazie. Sie wurde ab 1623 zunächst vom Hofgärtner Jean Robin aus ihrem natürlichen Herkunftsgebiet, den Appalachen, nach Paris eingeführt und blieb nach ihrer ersten Pflanzung in Deutschland, wohl um 1670 im Berliner Lustgarten, für lange Zeit ein eher seltenes Ziergehölz.[122]

Das änderte sich drastisch mit ihrer plötzlichen Propagierung als Forstbaum. Mit ihrem guten Wuchs auf den in Brandenburg verbreiteten trockenen und nährstoffarmen Sandböden versprach die Robinie, eine schnellwüchsige Lösung der forstwirtschaftlichen Probleme in diesem Raum zu sein. In der Folge entwickelte sich eine regelrechte *Robinien-Euphorie*, wie der Berliner Professor Ingo Kowarik die zeitgenössischen Vorgänge nennt.[123] Zur Zeit des »Holznotstands« im letzten Drittel des 18. Jahrhunderts wurde die Art im großen Stil gepflanzt. 1827 vermerkte ein unbekannter Autor dazu:

»Von den ausländischen Holzarten dürfte die Akazie die einzige beachtenswerthe sein. Es ist unbestritten, dass sie im Sande verhältnismässig noch besser wächst, als die mehrsten unserer Laubhölzer, sobald sie einen geschützten Stand und lokkern Untergrund hat. Doch muss man niemals vergessen, dass sie als Schlagholz mehr leistet wie als Baum, wo der rasche Wuchs sich schon mit dem 30. bis 40. Jahre vermindert«.[124]

Angeblich bedeckten Robinienpflanzungen seinerzeit schon ganze Distrikte, ihr Anbau wurde auch als Bienenweide empfohlen.

Das Holz der Robinien ist wenig anfällig für Fäule. Man nutzte es deshalb als Stempelholz im Bergbau und für Rebstecken in Weinanbaugebieten. Die auf dem Waldboden leicht abbaubare Robinienstreu sowie die Fähigkeit der Art, Stickstoff zu binden, bedingen eine besonders rasche und hohe Nährstoffkonzentration im Boden. Beschattung durch die dicht stehenden, Klone bildenden Bäume führte auf trockenen Böden zusätzlich zu einer Verbesserung des Wasserhaushaltes und damit zu einem erhöhten Nährstoffumsatz.

Das waren ideale Eigenschaften zu einer Zeit, als viele einheimische Wälder durch lange während Übernutzung regelrecht zerstört waren. In sandreichen Landschaften waren sogar Wanderdünen entstanden, die bereits anfingen, landwirtschaftliche Nutzflächen zu bedrohen. Ein wesentlicher Zweck der Robinienpflanzungen war die Fixierung dieser neuen Binnendünen.

Der Euphorie folgte jedoch bald eine ernüchterte Einschätzung der Leistungsfähigkeit dieser hierzulande eher krumm wachsenden Baumart. Um etwa den für Wertholz erforderlichen geraden Wuchs zu erzielen, müssen schon die Kronen junger Bäume massiv bearbeitet werden, was die Art im Forstbetrieb recht pflegeintensiv macht. Dennoch nahmen Robinienforste in Deutschland noch in den 1950er Jahren etwa 6000 Hektar ein.

Heute ist die Robinie eines der am weitesten verbreiteten invasiven Gehölze in Deutschland und der Prototyp einer eingeführten und als Nutzholz überschätzten Baumart, die sich letztlich sogar als problematisch erwiesen hat.[125] Ihre Kontrolle erfordert enormen Aufwand – unter anderem greifen Robinien immer wieder auf Sandtrockenrasen und weitere naturschutzrelevante Biotope über, deren konkurrenzschwache Arten der rasant wachsenden Exotin nichts entgegensetzen können.

Die Bekämpfung der Robinie ist aufwendig und teuer. Die Rodung jüngerer Bestände erfolgt per Hand, unter anderem mit Wiedehopfhacken. Gehölze mittleren Alters werden unter Einsatz von Pferden, größere Bäume oder ältere Bestände mit Schlepper, Löffel- oder Schaufelbagger gerodet. Nach der Fällung treten Stammschösslinge auf, die abgeschlagen werden müssen. Das für Bäume normalerweise tödliche Ringeln – das Einschlagen von mehrere Zentimeter breiten, waagrechten Kerben im unteren Stammbereich – kann nur bei dicken Stämmen durchgeführt werden, weil die Standsicherheit des Kernholzes erhalten bleiben muss. Ein Abbrechen hätte die verstärkte Bildung von Stammaustrieben und Wurzelsprossen zur Folge. Bei ungenügender Ringelung oder unsauberer Rodung erfolgt ein besonders starker Austrieb, der regelmäßig, bei Bedarf mehrmals jährlich, nachgerodet werden muss.[126]

Auf sonnigen, trockenen und nährstoffarmen Sandstandorten ist die Vitalität der Robinie kaum zu brechen. Hier treten auch mehrere Jahre nach der ersten Rodung und trotz mehrmaliger Nachrodung noch immer Wurzelsprosse mit Wuchsleistungen von über 25 Zentimeter pro Woche auf. Grundsätzlich gilt: Je optimaler der Standort für die Robinie ist und je weiter die Etablierung der Pflanzen fortgeschritten ist, desto schwieriger – bis unmöglich – ist ihre Bekämpfung.[127]

Die Einführung von Baumarten zur forstlichen Nutzung ist also mit Risiken behaftet, die anfangs damit einhergehende Euphorie mit einer gewissen Wahrscheinlichkeit nicht von Dauer.

Gleichzeitig aber besteht Handlungsbedarf.

Die Art und Weise, wie viele mitteleuropäische Wälder bewirtschaftet werden, muss sich deutlich verändern, um sie auf die künftigen Bedingungen vorzubereiten.[128] »Den Wald in Ruhe zu lassen ist zwar eine mögliche Strategie, aber vollkommen blauäugig«, meint auch der Ökophysiologe Henrik Hartmann vom Max-Planck-Insitut für Biogeochemie in Jena.[129] Die Welt der Möglichkeiten für den klimaschlauen Waldumbau ist dabei nicht nur schwarz oder weiß.[130] Zu den zahlreichen Grautönen gehören vielfältige Möglichkeiten der Vermeidung von Monokulturen standortfremder Bäume, etwa Fichten in Höhenlagen unterhalb von 600 Meter, durch Kombinationen diverser Baumarten.

Erfahrungen wie die mit der Robinie legen nahe, zuallererst gründlich zu prüfen, ob es nicht einheimische Bäume gibt, die – nachhaltig gedacht – die Erfordernisse des klimaangepassten Waldbaus erfüllen.

Ohne das Risiko, dass sie starkem Frost erliegen oder sich irgendwie unberechenbar verhalten könnten. Bei der landschaftlichen Vielfalt in Mitteleuropa mit ihrer intrinsischen Vielfalt an regionalen Ausprägungen des Klimas, der Böden und der daran seit Jahrtausenden angepassten Vegetation liegt es in der Natur der Sache, dass diese Vielfalt von einheimischen Baumarten abgedeckt werden kann.

Mit anderen Worten: Wenn es insgesamt wärmer und trockener wird, gibt es notwendigerweise am trockenen und warmen Flügel unserer Landschaften einheimische Baumarten, die damit umgehen können. Sie profitieren vom Klimawandel im gleichen Maße, wie die Arten am eher feuchten und kühlen Ende des Spektrums – eben insbesondere die Fichte – unter Druck geraten.

Eine solche Art ist etwa die hitzetolerante Traubeneiche. Während die natürlicherweise an feuchtkühle Bedingungen angepasste Gebirgsbaumart Fichte leidet, baut die Traubeneiche ihr Areal aus. Auch Elsbeere und Winterlinde gehören in die Kategorie der wärmeliebenden einheimischen Bäume, die beim klimasmarten Waldumbau helfen könnten, doch ist über ihre Vitalität in einem wärmeren und phasenweise trockeneren Klima ja auch noch nichts bekannt. Eine Analyse ihres Verhaltens in der jüngeren Vergangenheit erlaubt aber Rückschlüsse auf ihre möglichen Wuchsleistungen unter veränderten Bedingungen.

Eine Arbeitsgruppe der Universität Göttingen untersuchte in verschiedenen Mischbeständen Mitteldeutschlands die Reaktionen von Traubeneiche, Spitzahorn, Esche und Winterlinde auf schwere Dürren und weitere klimatische Einflüsse mit dem Ziel, die Dürretoleranz dieser Arten zu vergleichen. Alle vier Arten reagierten zwar negativ auf höhere Sommertemperaturen und Trockenheit, doch war ihre Widerstandskraft gegen schwere Dürren in den vergangenen Jahrzehnten durchweg hoch. Spitzahorn und Winterlinde zeigten größere Wachstumseinbußen als Eiche und Esche, aber alle haben ein erhebliches Potenzial zur Anpassung an zunehmenden Trockenstress. Dementsprechend empfehlen sie sich für eine Berücksichtigung in waldbaulichen Konzepten zur Anpassung an die Klimaerwärmung.[131] Erst wenn ihr

Potenzial ausgeschöpft ist, schlägt wohl unausweichlich die Stunde exotischer Arten wie Orientbuche und Ungarische Eiche, sofern mit ihnen vorher ausreichend erfolgreich experimentiert wurde.

Als besonders zukunftsfähig werden Waldbestände angesehen, die in doppeltem Sinne vielfältig sind. Einerseits hinsichtlich ihrer Artenzusammensetzung – mindestens drei Baumarten sollten es sein, und falls es sich um Nadelbäume handelt, sollten auch ausreichend Laubbäume hinzukommen, die für ein feuchteres Waldinnenklima sorgen. Das verringert nicht nur die Anfälligkeit für Dürre und Feuer wie im Falle der Wälder bei Treuenbrietzen – im feuchten Milieu werden Streu und Totholz schneller abgebaut, wodurch im Falle eines Brandes weniger Brennstoff zur Verfügung steht.

Diese Baumpopulationen sollten sich zudem aus verschiedenen Altersklassen zusammensetzen, da Bäume unterschiedlichen Alters auch unterschiedlich anfällig für Umweltstress und die Verknappung von Ressourcen sind. Flächendeckende Massensterben in Forsten, die nur aus einer Kohorte bestehen – früher insbesondere bei Fichten und Kiefern üblich – wären so gar nicht mehr möglich.

Flankierend sind weitere Strategien anzuwenden, etwa eine Erhöhung der Strukturvielfalt im Wald. Abgestorbene oder durch Stürme entwurzelte Bäume etwa sollten nicht grundsätzlich entfernt werden. Die nach Windwurf entstandenen Lücken im Wald und die damit verbundene Anwesenheit von Totholz fördern die biologische Vielfalt enorm, und das ist nicht nur von Naturschutzinteresse. Die auf solche Standorte spezialisierten Tier- und Pflanzenarten sind für das Funktionieren des Gesamtökosystems Wald von fundamentaler Bedeutung, denn auf ihren Schultern ruht sein Potenzial, sich standortgerecht zu regenerieren. Räumt man stattdessen das Totholz weg und forstet nach Schema F wieder auf, beraubt man die Wälder dieses Potenzials und pfuscht der Natur erneut ins Handwerk. Auf diese Weise bleibt man unaufhörlich dazu verdammt, immer wieder steuernd eingreifen zu müssen.

Die aktive Beseitigung von Bestandslücken und Totholzstrukturen hat nicht nur zu einem Rückgang der natürlicherweise zum Wald gehörenden lichtliebenden Pionierbaumarten beigetragen, sondern gleichzeitig auch zum Niedergang vieler auf solche Störflächen spezialisierter Pilze und Insekten, die auf komplexe Weise im Ökosystem vernetzt sind. Deshalb fordern Waldforscher, Deutschland solle seine strategischen und finanziellen Anstrengungen zur Schaffung eines nachhaltigeren Waldsystems überdenken, zumal teure Förderprogramme derzeit darauf abzielen, den dramatischen Rückgang der Insekten zu stoppen. Die Erhaltung von Totholzstrukturen im Wald dürfte dem Insektensterben ganz von selbst entgegenwirken.[132]

Wir und der Wald

Woher kommt eigentlich das besondere Verhältnis der deutschen Bevölkerung zum Wald? Warum sind wir Deutsche gerade beim Thema *Wald* so empfindsam? Warum werden überhaupt Begriffe wie *Waldsterben* so populär? Und warum sind Waldthemen ein Dauerbrenner in unserer Medienlandschaft?

Die in Deutschland geführte Waldsterbensdebatte der 1980er Jahre gilt als klassischer Fall einer *sozialen Konstruktion von Umweltproblemen*.[133] In der Soziologie ist bekannt, dass die Art und Weise der Thematisierung von Phänomenen, die eine Gesellschaft als Bedrohung empfindet, nicht unbedingt vom objektiv nachvollziehbaren Ausmaß des Problems abhängt. Verlauf und Ton der Debatten sind in verschiedenen Ländern, deren Gesellschaften sich dem gleichen Problem gegenübersehen, oft völlig unterschiedlich, müssen also unter Berücksichtigung sozialer, kultureller und historischer Faktoren eingeordnet werden. Das gilt auch für die Wahrnehmung des klassischen Waldsterbens in den 1980er Jahren, um das beispielsweise in Frankreich weit weniger Aufregung herrschte.

Einen anschaulichen Beleg für das Waldsterben als soziales Konstrukt lieferte 1986 Hannes Mayer, Professor am Institut für Waldbau der Universität für Bodenkultur in Wien und anerkannter Fachmann für die Wälder Mitteleuropas. In seiner sehr emotional gefärbten Materialsammlung »Der Wald, das Waldsterben und die deutsche Seele« hat er zahlreiche Aspekte dieses heiklen Themas zusammengetragen, unter dem Eindruck der apokalyptischen Prognosen zum Waldsterben und inspiriert durch einen Vortrag mit dem Titel »Das Waldsterben und die österreichische Seele« seines Kollegen Erwin Ringel.[134] Offenkundig gab es bemerkenswerte Parallelen in der Wahrnehmung des Waldsterbens in den Nachbarländern Österreich und Deutschland.

Der aufgeklebte Untertitel greift noch tiefer: »Mit dem Wald sterben … auch die Märchen.« Im Vorwort heißt es: »Der Wald stirbt (…) nicht nur an der Luftpest, er stirbt auch an offizieller Beschwichtigungs- und Verdrängungspolitik, dem Kompetenzdschungel, juristischen Komplikationen, Föderalismusproblemen und sozialpartnerschaftlichen Positionskämpfen. Solange Politiker mit 4-jährigem Blickwinkel die gewichtigen Probleme vor sich herschieben und Politik wie gewohnt betreiben, wird der Wald nicht genesen.«[135]

Solche Einschätzungen von Expertenseite können nicht zur Versachlichung der Diskussion beitragen, vor allem nicht in Gesellschaften mit einschlägiger Prägung.

»In keinem modernen Lande der Welt ist das Waldgefühl so lebendig geblieben wie in Deutschland«, schrieb einst der Literatur-Nobelpreisträger Elias Canetti. »Das Rigide und Parallele der aufrecht stehenden Bäume, ihre Dichte und Zahl erfüllt das Herz des Deutschen mit tiefer und geheimnisvoller Freude. Er sucht den Wald, in dem seine Vorfahren gelebt haben, noch heute gern auf und fühlt sich eins mit den Bäumen.« Canetti schrieb dies in seinem 1960 veröffentlichten Buch »Masse und Macht«.[136]

Diesem Bild stellt Canetti das des tropischen Waldes gegenüber, »wo Schlinggewächse in jeder Richtung durcheinanderwachsen. Im tropischen Wald verliert sich das Auge in der Nähe, es ist eine chaotische ungegliederte Masse, auf eine bunteste Weise belebt, die jedes Gefühl von Regel und gleichmäßiger Wiederholung ausschließt.« Dagegen hat der Wald der gemäßigten Zone »seinen anschaulichen Rhythmus. Das Auge verliert sich, an sichtbaren Stämmen entlang, in eine immer gleiche Ferne.«

Canettis Buch »Masse und Macht« war auch eine Aufarbeitung der jüngeren Geschichte des 20. Jahrhunderts, und so stellte er ausdrücklich einen Zusammenhang her zwischen der Ordnung im »Heer« der Bäume und dem deutschen Heer, sprach sogar vom »marschierenden Wald«. »Heer und Wald waren für den Deutschen, ohne dass er sich darüber im Klaren war, auf jede Weise zusammengeflossen. Was anderen am Heere kahl und öde erscheinen mochte, hatte für den Deutschen das Leben und Leuchten des Waldes. Er fürchtete sich da nicht; er fühlte sich beschützt, einer von diesen allen. Das Schroffe und Gerade der Bäume nahm er sich selbst zur Regel.« In dieser Einschätzung floss, nach Canetti, das Ideal des »deutschen Waldes« mit dem Ideal des »deutschen Menschen« in Vorkriegs- und Kriegszeiten zusammen.

Wenn es – wie Canetti beschreibt – stimmt, dass das Selbstbild der Bevölkerung sich im Waldbild spiegelt, verwundert es nicht, dass das Idealbild vom Wald in Deutschland inzwischen vielschichtiger geworden ist. Und auf dem Weg zu dieser Diversifizierung prallten in den 1980er und 1990er Jahren Welten aufeinander, als neben dem traditionellen, geordneten Wald- und Kulturlandschaftsbild im Zuge der immer populärer werdenden Naturschutzidee allmählich ein anderes Ideal emporwuchs: das der *Wildnis*.

Der Begriff »Wildnis« war in der Bevölkerung damals noch eindeutig negativ besetzt. Sprach man in meiner Heimat von Wildnis, dachte man eher an ungepflegte Ecken im Garten, an Unkrautfluren auf Baulücken oder dichten Unterwuchs eines *nicht ordentlich* bewirtschafteten Waldes. Schlug man gängige Wörterbücher auf, fanden sich Definitionen wie »einsame, unbebaute Gegend«, »unbebautes Gebiet, das natürlich geblieben ist« et cetera. Ältere Nachschlagewerke legten sich weniger fest. Dort stand der Begriff hauptsächlich für »etwas wild Durcheinanderwachsendes«, aber auch für einen »Zustand ungebundener Freiheit« oder gar für »Kulturlosigkeit«.[137]

Und *das* sollte nun zum Leitbild einer nachhaltigen Landschaftsentwicklung erhoben werden? Für viele in den mehr oder weniger intensiv bewirtschafteten Kulturlandschaften Mitteleuropas aufgewachsene Menschen schwer vorstellbar, für manche gar eine *Sünde*. Auch das wissenschaftliche Naturverständnis basierte hier wesentlich auf Beobachtungen in einer bis in die 50er Jahre hinein noch nach traditionellem

Muster gepflegten und geordneten Kulturlandschaft, in der natürliche Dynamik seit Langem kaum mehr eine Rolle spielte.

Wenig überraschend wurde eine Diskussion entfacht, die kaum zu versachlichen war und bis heute anhält. Zumal es bei Naturschutzdiskussionen oftmals weniger um die Natur geht als vielmehr um Auffassungen des Menschen vom *richtigen* Umgang mit der Natur.

Kurz: um allerlei Meinungen und die damit verbundenen Missverständnisse.

Zunächst versuchte Mario Broggi, Direktor der Eidgenössischen Forschungsanstalt für Wald, Schnee und Landschaft (WSL) in Birmensdorf bei Zürich, eine Linie vorzugeben, wie Wildnis im mitteleuropäischen Kontext eigentlich zu verstehen sei: »Wildnis ist jeder großflächige Raum, den wir bewusst der freien, natürlichen Entwicklung überlassen; also nicht nur unberührter Urwald, den es in Mitteleuropa ohnehin kaum noch gibt.«[138] Es handelt sich im Grunde also um eine *neue* Art von Wildnis – eine vom Menschen aufgegebene Kulturlandschaft, die als *künftige Wildnis* ihrer Eigendynamik überlassen wird.

Diese Auffassung stand aber im Widerspruch zu der bis dahin im Naturschutz offiziell gültigen Definition von Wildnis, die sich an der Natürlichkeit, also Unberührtheit von Ökosystemen orientierte. Die vom britischen Zoologen und Verhaltensforscher Julian Huxley gegründete, global operierende Naturschutzorganisation IUCN (*International Union for Conservation of Nature*) definiert Wildnis als »große, unveränderte Gebiete, die ihren natürlichen Charakter und Einfluss bewahrt haben, nicht ständig oder nur unwesentlich bewohnt sowie geschützt sind und Management unterstehen, um ihren natürlichen Zustand zu bewahren.«[139]

Dies entspricht in etwa der Verwendung des Begriffes in den Vereinigten Staaten von Amerika. Dort gilt *The Wilderness Act of 1964*, ein Gesetz, das es der amerikanischen Bundesregierung erlaubt, größere Landstriche vor der Erschließung zu bewahren. Darin wird *Wilderness* definiert als Gebiete, »in denen die Erde und ihre Lebensgemeinschaften sich vom Menschen ungehindert entfalten, wo der Mensch selbst ein Besucher ist, der nicht verweilt.«[140]

Wozu dieser weitgehende Ausschluss des Menschen? Verblüffenderweise zum »Vergnügen des amerikanischen Volkes«, allerdings unter der Voraussetzung, dass die Schutzgebiete durch die vorgesehene leichte Erholungsnutzung (Wandern, Zelten, Angeln etc. sind ausdrücklich erlaubt!) weitgehend unbeeinträchtigt bleiben. Man hatte in den USA also eine konkrete Vorstellung vom Zweck der Wildnis in einer modernen Gesellschaft. Damit wurde den Menschen Wildnis nicht plötzlich als ein unbegreifliches und per Naturschutzgesetz verriegeltes Gegenuniversum vor die Nase gesetzt, sondern als vertrauter und schützenswerter Gegenstand amerikanischer Tradition ans Herz gelegt.

Genau hier liegt ein entscheidender Punkt. Der englische Wildnis-Begriff bezeichnet ursprüngliche, kaum erschlossene Natur. Für den weitaus größten Teil Mitteleuropas aber, seit vielen Jahrhunderten vom wirtschaftenden Menschen umgekrempelt, kann es sich nur um eine alles andere als unberührte Natur handeln. Das Wort hatte also eine Bedeutungsaufweitung erfahren, die etwas nebulös und unheimlich im Raum stand. Sie passte nicht zum verbreiteten traditionellen Verständnis vom Umgang mit der Landschaft.

Ein Umstand, dessen Tragweite kaum zu überschätzen ist.

Doch auch in Deutschland war der Ruf nach Wildnis nicht so neu wie die eifrig diskutierten Schlagworte. Schon im ausgehenden 19. Jahrhundert gab es Stimmen, die für Teile der Kulturlandschaft die Wiederherstellung des Naturzustandes forderten, zumindest aber die Erhaltung des »natürlichen Zustandes« der wenigen nicht erschlossenen Landschaftsteile. Diese Stimmen fanden im Laufe der Zeit durchaus Gehör.[141] Einige Naturwaldreservate entwickeln sich schon seit vielen Jahrzehnten nach Kriterien, auf die neue Wildnis-Konzepte abzielen.[142]

Einen Brückenschlag von der traditionellen Waldbewirtschaftung zur Wildnisidee verkörperte Anfang der 1990er Jahre ein neues Konzept naturnaher Waldwirtschaft unter der Überschrift »Prozessschutz«. In diesem Entwurf des Forstexperten Knut Sturm bezieht sich das Wort »Prozess« auf zwei natürliche Aspekte der Waldentwicklung: die Konkurrenz der Bäume untereinander und den mehr oder weniger zufälligen Einfluss von natürlichen Störungen wie Orkanen, Überschwemmungen oder Feuer nach Blitzschlag. Solche Ereignisse beeinflussen die Waldentwicklung räumlich und zeitlich in unvorhersehbarer Weise. Das auf natürliche Weise entstehende Mosaik unterschiedlicher Waldstrukturen nannte er »zufallsbeeinflusste multivariable Sukzessionsmosaike«. Um es entstehen zu lassen und auch zu erhalten, müssen Konkurrenz und Störungen dauerhaft wirken dürfen. Deshalb sind sie sozusagen als Schutzgegenstände anzusehen.[143]

Damit drängte etwas in die Praxis, das der Marburger *Zoologe* Hermann Remmert bereits seit 1985 propagiert hatte: dass ein natürlicher Wald ein Mosaik unterschiedlicher Entwicklungsstadien verkörpert. Alte, mittelalte und junge Bestände kommen in einem engen räumlichen Nebeneinander *miteinander* vor. So ist das Überleben und die permanente Präsenz aller Arten im Wald gesichert und somit die langfristige Stabilität des Gesamtsystems. Sein anhand von Buchenwäldern entworfenes, wissenschaftlich begründetes »Mosaik-Zyklus-Konzept« bedeutete in der Anwendung nichts wesentlich anderes als Sturms multivariable Sukzessionsmosaike.[144]

Remmerts Überlegungen waren der erste ernst zu nehmende Angriff auf das traditionell eher statische Naturverständnis in Mitteleuropa, und seine Thesen dürften der Idee vom Prozessschutz wesentlich den Boden bereitet haben. Erstmals kam eine breite Diskussion über die natürliche Dynamik von Ökosystemen in Gang, allerdings erst Ende der 80er Jahre, als die mögliche Bedeutung des Mosaik-Zyklus-Konzeptes für den Naturschutz bedacht wurde.

Doch neu war auch das nicht – Remmert prägte nur einen anschaulichen deutschen Begriff für Phänomene, die anderswo längst bekannt waren. Der französische Botaniker André Aubreville (1897–1982) zum Beispiel hatte sie schon in den 1930er Jahren anhand westafrikanischer Wälder beschrieben, und im angloamerikanischen Wissenschaftsbetrieb stellte man solche Vorgänge seit Jahrzehnten unter den Sammelbegriff *patch dynamics.*[145]

Wichtig ist, dass der Wald im Sinne Knut Sturms nach Prozessschutz-Kriterien *bewirtschaftet* werden sollte. Völlig unbeeinflusste Naturentwicklung im Sinne einer »neuen Wildnis« wollte auch er nur auf einem Zehntel der Waldfläche – als Studienobjekt für Förster, die die Wirkungsweise natürlicher Dynamik so aus erster Hand vermittelt bekämen und nicht mehr auf das möglicherweise schiefe Naturwald-Bild verstaubter Lehrbücher angewiesen wären. Es ging letztlich darum, natürliche Prozesse im Wirtschaftswald zu nutzen. Von einer Aufgabe der Bewirtschaftung war überhaupt keine Rede. Und damit deckte sich die Prozessschutz-Idee in ihrer ursprünglichen Form keineswegs mit den Inhalten des neu ausgelegten Wildnis-Begriffes.

In der entfachten gesellschaftlichen Debatte waren jedoch die Begriffe Wildnis und Prozessschutz längst in einem Topf gelandet. Sprach man mit Prozessschutz-Gegnern, stellte man sehr oft fest, dass sie Prozessschutz mit Wildnis gleichsetzten und in ihrer Argumentation gegen Prozessschutz Front machten, inhaltlich aber Wildnis meinten. Das kam wohl von der etwas kurz gedachten Überlegung, eine ausgedehnte Wildnis sei zwangsläufiges Ergebnis des Prozessschutzes.

Zudem hat die für den Waldbau erdachte Prozessschutz-Idee sehr rasch eine starke Aufweitung über Wälder hinaus erfahren. In vielen Untersuchungen und Planungen an verschiedensten naturnahen bis naturfernen Ökosystemen, vom Hochmoor bis zur Bergbaufolgelandschaft, fand plötzlich das Wort »Prozessschutz« Verwendung. Im Bemühen, Ordnung in diese Bedeutungsverwilderung zu bringen, wurde ab Ende der 1990er Jahre zwischen *segregativem* Prozessschutz, also ohne menschliche Einflussnahme auf natürliche Abläufe, und *integrativem* Prozessschutz unterschieden, der auf die Erhaltung von traditionellen, kulturlandschaftstypischen Nutzungsweisen abzielt und deshalb land- und forstwirtschaftliches Arbeiten grundsätzlich einbezieht.[146]

In manchen peripheren Landschaften Europas hatte sich die Entwicklung zur neuen Waldwildnis derweil schon ganz von selbst eingestellt. Viele Wälder waren längst in einem tiefgreifenden Wandel begriffen, ungestört auf dem Weg zurück in einen naturnahen Zustand, so wie am Monte Cimino.

Globalisierung im Regenwald

Neue Spieler im System

Dick Watling ist eine Legende.

Zunächst ist er *der* Experte für die Vogelwelt der pazifischen Inseln. Als solcher fand er 1984 auf der fidschianischen Insel Gau quicklebendige Exemplare des Macgillivray-Sturmvogels, einer bis dahin seit 1855 als ausgestorben geltenden Vogelart. Dick, eigentlich Richard John Watling, wurde 1951 in Uganda geboren, promovierte in Cambridge und arbeitete unter anderem am berühmten Smithsonian Institute in Washington. Er ist Autor der maßgeblichen Naturführer über die Vögel Fidschis, Samoas und Tongas sowie zahlreicher wissenschaftlicher Arbeiten in diesem Fachgebiet. Er befasste sich mit dem Schutz gefährdeter Arten, der Verbreitung von Palmen, der Ökologie von Regenwäldern und Mangroven, dem Management von Nationalparks sowie Umweltverträglichkeitsprüfungen in praktisch allen pazifischen Inselstaaten und weiten Teilen Südostasiens. Er plante die Einrichtung von Fidschis erstem Nationalpark, dem *Sigatoka Sand Dunes National Park*. Er schrieb das erste illustrierte Naturbuch für Kinder im Südpazifik und gründete *Nature Fiji*, die erfolgreichste nationale Umwelt-NGO im tropischen Pazifik.[147]

Kurz – Dick Watling ist jemand, der sich in einer ziemlich großen Region ziemlich gut auskennt. Auf sein Urteil ist Verlass, und wenn er sich über Vorgänge in der Natur Sorgen macht, besteht wirklich Anlass zur Sorge.

Für diesen Nachmittag im September 2014 hat er mich und meinen Mitarbeiter Stephen Galvin auf einen kleinen Ausflug nach Colo-i-Suva eingeladen. Er will uns etwas zeigen, das ihn seit langer Zeit beunruhigt. Colo-i-Suva ist das größte Waldreservat in Fidschi. Es liegt auf Viti Levu, der Hauptinsel des Landes. Sie ist etwa halb so groß wie Hessen oder viermal so groß wie das Saarland, so klein sie auf einer Karte des Pazifik auch erscheinen mag. Das Reservat sichert die Trinkwasserversorgung von Suva, der mit über 300 000 Einwohnern größten Stadt des Landes.

Dick steuert seinen etwas betagten Geländewagen auf den Windungen der Princess Road durch die Hügel des Waldreservats. Dessen östlicher Teil ist eine Mahagonipflanzung aus den 1960er Jahren, die Bäume sind inzwischen etwa 25 Meter hoch. Nach der Kahlschlagwirtschaft der 1940er und 50er Jahre war es im Höhenzug hinter Suva notwendig geworden, der einsetzenden Bodenerosion durch die Pflanzung neuer Wälder Einhalt zu gebieten. Man entschied sich für die Aufforstung mit zwei gängigen Mahagoniarten, Amerikanischem und Westindischem Mahagoni. Seither sind diese Wälder weitgehend sich selbst überlassen, und so mischen sich unter die gepflanzten Mahagonis längst zahlreiche einheimische Baumarten. Auch der Unterwuchs dieser Forste besteht überwiegend aus einheimischen Pflanzen. Der wesentlich artenreichere Regenwald im eher unzugänglichen Westteil, Savura genannt, gilt sogar als naturnaher sogenannter Primärwald.[148]

Am Nordrand des Schutzgebietes, nahe einer Lokalität namens Joe's Farm, halten wir an und lassen den Wagen stehen. Es gibt keine vorgezeichneten Wege, wir kämpfen uns im ortsüblichen leichten Dauerregen – hier fallen über 3000 Millimeter Niederschlag im Jahr – eine kurze Strecke durch mannshohes Gras und erobern uns schließlich einen Zugang zum auffallend düsteren Inneren des Regenwaldes.

Der Unterwuchs dieses Waldes besteht aus einem Meer von Palmen. Sie stehen so dicht, dass unter dem geschlossenen Dach ihrer Wedel nur wenig Tageslicht ankommt. Es handelt sich um Tausende Exemplare der bis zu acht Meter hochwachsenden Elfenbein-Rohrpalme. Dieses außergewöhnliche Palmenmeer begeistert von weither anreisende Ökotouristen, die den Colo-i-Suva-Nationalpark ansteuern. Zum Klischee vom tropischen Wald gehört ja auch die deutlich sichtbare Präsenz von Palmen. Und dieser erhebende Anblick begleitet die Naturbegeisterten unter anderem auf der Wanderung zu den beliebten Waisila-Wasserfällen, die mitten im Park liegen.

Für das unbedarfte Auge ist in einem tropischen Regenwald erst einmal schwer zu erkennen, welche Pflanzen eigentlich in diesen Wald gehören und welche nicht. Zum natürlichen Regenwald Fidschis gehören keine dichten, ins Auge springenden Palmenbestände. Ganz im Gegenteil – hier wächst normalerweise eine andere Gruppe von Pflanzenarten, die hinsichtlich ihrer Größe und Form der Elfenbein-Rohrpalme durchaus ähneln: Baumfarne.

Tatsächlich ist die Elfenbein-Rohrpalme eine Zierpflanze. Sie stammt von den indonesischen Inseln Java und Sumatra, und wurde in den 1970er Jahren nach Fidschi eingeführt. Man pflanzte sie zur Verschönerung von Hotelanlagen, gelegentlich auch in Parks und Gärten. Irgendwann ist sie aus einem nahen Garten entkommen und hat sich im benachbarten Waldreservat überwältigend erfolgreich etabliert.

Arten, die vom Menschen absichtlich oder unabsichtlich in einen neuen Lebensraum gebracht werden und sich dort unkontrolliert ausbreiten, bezeichnet man als invasive Arten oder, genauer, als gebietsfremde invasive Arten. Den Prozess ihrer massenhaften Ausbreitung im neuen Lebensraum bezeichnet man als biologische Invasion. Genau so etwas scheint uns hier zu umgeben.

Unser Eindruck ist, dass dort, wo die Rohrpalmen besonders dicht stehen, kaum einheimische Pflanzen im Unterwuchs vertreten sind. Immerhin rund 70 Arten wären hier, auf knapp 200 Meter über dem Meer, zu erwarten. Überhaupt wächst im Dämmerlicht der dunklen Bestände wenig anderes. Wir entdecken keinen einzigen Baumfarn. Stattdessen ist der Waldboden übersät mit einer groben Streu aus abgefallenen, schlecht zersetzten Palmwedeln. Auch das ist ein ungewöhnlicher Anblick.

Sind die Palmen vielleicht eine Bedrohung für dieses Ökosystem? Die natürliche Biodiversität dieses Waldes? Verdrängen sie also einheimische Arten, unter anderem die Baumfarne?

Erste Eindrücke im Gelände sind immer mit Vorsicht zu genießen. Bei aller Erfahrung des forschenden Auges sind sie doch unweigerlich subjektiv geprägt. Um den Fragen auf den Grund zu gehen und herauszufinden, ob tatsächlich ein Problem vorliegt, musste ein Forschungsprojekt entwickelt werden, das ausreichend Daten für eine objektive Beurteilung der in diesen Wäldern ablaufenden Prozesse liefert.

Zunächst stellte sich die Frage, wie weit eigentlich die räumliche Ausdehnung der Invasion schon vorangeschritten war. Dichte, flächendeckende Vorkommen erwachsener Elfenbein-Rohrpalmen sind zwar unter dem Dach der Regenwaldbäume auch aus der Luft zu erkennen, aber sie markieren ja schon ein weit vorangeschrittenes Stadium der Invasion. Invasionen beginnen aber mit dem ersten Keimling irgendwo auf dem Waldboden, und so würde es uns also nicht erspart bleiben, das gesamte Waldreservat am Boden systematisch auf die Präsenz von Exemplaren der Palme zu untersuchen, vom Keimling bis zum ausgewachsenen Baum.

Weitere Fragen waren: Was genau bewirkt diese Art im Wald, nicht nur in Bezug auf einheimische Pflanzenarten, die vielleicht leise von ihr ausgeschaltet werden? Welche Strategie macht sie so erfolgreich? Wie stark reduzieren die Palmenbestände den Lichteinfall, und wie verändert das möglicherweise die Temperatur im Regenwald? Was passiert auf und im Boden, sowohl bezüglich der Eigenschaften des Bodens, der Nährstoffverfügbarkeit für andere Pflanzen, aber auch der Lebensbedingungen bodenbewohnender Tiere? Und schließlich: Wer oder was verbreitet eigentlich die Palme? Kann man die weitere Ausbreitung vorhersagen, wie schnell würde sie verlaufen, und wie weit würde sie reichen? Welche Empfehlungen lassen sich aus all dem für die Forstwirtschaft und den Naturschutz ableiten?

Und so wurde aus dem Waldspaziergang allmählich das vielschichtigste invasionsökologische Forschungsprojekt, das der Südpazifik bis dato gesehen hat: das *Pinanga Project*, benannt nach dem wissenschaftlichen Namen der Elfenbein-Rohrpalme, *Pinanga coronata*. Forscher und Forscherinnen aus Fidschi, Australien, Neuseeland, Frankreich und Deutschland sowie nationale und regionale Universitäten, Behörden und NGOs nehmen sich seither verschiedener Aspekte dieses Fragenkomplexes an.

Obwohl es keine offiziellen Aufzeichnungen darüber gibt, wo und wann genau die Pflanze nach Fidschi eingeführt wurde, dürfte sie zuerst in eine Quarantänestation nördlich von Suva gebracht worden sein. Dort wurden exotische Palmen gezüchtet und an Gärtner in der Umgebung verkauft. Die Quarantänestation ist längst aufgegeben worden und heute eine von Feldern umgebene Ruine. Exemplare der Rohrpalme sind aber noch immer in den Überresten der Gebäude anzutreffen.

Der erste offizielle Nachweis einer wild wachsenden Elfenbein-Rohrpalme in Fidschi ist im South Pacific Regional Herbarium der University of the South Pacific unter der Nummer DA 18579 verzeichnet. Der Herbarbeleg stammt von einem Straßenrand ungefähr zwei Kilometer nördlich der ehemaligen Quarantänestation und wurde am 16. Februar 1975 von einem Mitarbeiter des Herbariums namens Saula Vodonivalu gesammelt. Diese Palme blühte und war ungefähr 2,70 Meter hoch. Sie war vermutlich Abkömmling der Pflanzung rund um ein Gästehaus, das sich auf dem Gelände des heutigen landwirtschaftlichen Anwesens namens Joe's Farm befand.

Nach nunmehr fünf Jahren Forschung wissen wir, dass die Rohrpalme fast im gesamten Reservat verbreitet ist, im Mahagoni-Forst, aber auch schon im naturnahen Regenwald Savuras. Die Hoffnung, dieser könne wegen seines Artenreichtums und seiner dichten Struktur resistent gegen die Invasion sein, erfüllt sich also nicht. Die weitere Ausbreitung dort ist bisher nur durch den Faktor *Zeit* begrenzt.[149] Die Palmenbestände erreichen eine Dichte von bis zu 32 600 Exemplaren pro Hektar (oder 3 pro Quadratmeter), wenn man Jungpflanzen mit einrechnet. Ein erwachsenes Exemplar kann bis zu 800 Samen pro Blütenstand hervorbringen.[150]

Die Massenvorkommen der Elfenbein-Rohrpalme verdunkeln den Regenwald nicht nur, sie kühlen ihn auch ab – um bis zu zwei Grad. Gleichzeitig machen sie den Boden alkalischer, verändern den Nährstoffhaushalt und die Nährstoffverfügbarkeit für andere Pflanzen. Dabei verdrängen sie viele einheimische Pflanzenarten und verhindern unter anderem den Aufwuchs von Baumfarnen. Ihre grobe, relativ schwer abbaubare Streu steuert auch die Zusammensetzung der Bodenfauna. Die Lebensgemeinschaft der wichtigsten bodenbewohnenden Tiergruppe, der winzigen, von der Streu lebenden Springschwänze, verändert sich drastisch – sie wird artenärmer, das Spektrum verschiebt sich hin zu größeren und wehrhafteren Indivduen.[151] Und so weiter.

Kurz – die Elfenbein-Rohrpalme scheint das Ökosystem vollkommen umzubauen.

So gibt es, alles in allem, keinen Zweifel, dass die durch Menschen eingeführte Art eine ernsthafte Bedrohung für die einheimische Biodiversität und die natürliche Entwicklung in Fidschis Wäldern darstellt. Die Ergebnisse lassen befürchten, dass Vielfalt und Struktur der betroffenen Regenwälder grundlegend verändert werden, ganz unabhängig davon, ob es sich um Forst oder naturnahen Wald handelt.

Ein entschlossenes Vorgehen der Forstbehörde wäre angezeigt.

Schon lange.

Ökologische Explosionen

Als der britische Tierökologe Charles Sutherland Elton 1958 sein Buch »The Ecology of Invasions by Animals and Plants« veröffentlichte, war nicht absehbar, dass er damit eine neue Wissenschaft begründen würde.[152] Er befasste sich schon seit Langem mit dem Zusammenleben von Tieren in verschiedenen Ökosystemen und der großen Frage, wie dieses Zusammenleben manchmal Tausender von Arten überhaupt dauerhaft funktionieren kann. Wie ist in so einem komplizierten System anscheinend ein Gleichgewicht möglich, und warum sind es etwa in einem von ihm untersuchten kleinen Waldstück in Südengland rund 2500 Arten, warum nicht deutlich weniger, warum nicht noch mehr?

Und dann ist da der Faktor *Mensch*, der manchmal die Komplexität dieses Zusammenlebens noch erhöht oder das Beziehungsgefüge ins Schwanken bringt. Unter anderem durch die Einfuhr exotischer Tier- und Pflanzenarten, sei es etwa zu Zuchtzwecken oder, wie im Falle der Elfenbein-Rohrpalme, als Zierpflanzen. Manche dieser Arten geraten in die freie Wildbahn. Und sind es letztlich auch nur wenige, die sich außerhalb von Gärten, Farmen, Plantagen und Parks behaupten können, breiten sich in den letzten Jahrzehnten doch immer mehr von ihnen immer schneller und weiter aus, bis in die entlegensten Winkel von Kulturlandschaften, aber auch in naturnahen Wäldern, die man lange Zeit für sehr widerstandsfähig gegen biologische Invasionen hielt.

Einige invasive Arten haben die Fähigkeit, einheimische Arten zu verdrängen und betroffene Lebensräume völlig umzukrempeln. Die Effekte reichen vom direkten Konkurrenzdruck auf einzelne Arten bis zum Umbau von Struktur und Nährstoffhaushalt ganzer Ökosysteme. Solche überwältigend erfolgreichen Arten werden deshalb als *Super Species* bezeichnet[153] oder auch als *Ecosystem Engineers* – Ingenieure, die Lebensräume neu gestalten und das Zusammenleben verändern.[154]

Unser diesbezügliches Problembewusstsein hat noch keine lange Tradition. Wurden Arten eingeführt, richtete sich das Interesse bis vor wenigen Jahrzehnten fast ausschließlich auf deren vermeintlichen oder echten Nutzen. Unabsichtliche Einführungen oder Probleme durch gebietsfremde Nutzpflanzen und -tiere galten eher als Kollateralschäden menschlichen Wirtschaftens. Die Gefahren für einheimische Organismen und Ökosysteme interessierten kaum. Nur dort, wo sie Fischerei, Land- und Forstwirtschaft unmittelbar betrafen und wirtschaftlicher Schaden zu beklagen war, etwa durch die Invasion von Schadinsekten wie Kartoffelkäfer oder Reblaus, rückte die Problematik ins Bewusstsein der Allgemeinheit.

Die Zahl spektakulärer Fälle ist inzwischen groß. Die 100 schlimmsten invasiven Arten werden von der IUCN auf Grundlage von Daten der *Global Invasive Species Database*[155] auf einer besonderen Liste geführt[156], unter anderem der bis zwei Meter lange Raubfisch Nilbarsch.[157] Er dezimiert im Victoriasee zahlreiche einheimische Fischarten und brachte bereits einige von ihnen zum Aussterben. Die im Ballastwasser großer Schiffe aus Europa eingeschleppte Zebramuschel entzieht mit ihren Massenvorkommen in Nordamerika einheimischen Muscheln die Lebensgrundlage. Der einst in Australien als pflanzlicher Weidezaun eingesetzte Feigenkaktus macht dort inzwischen ganze Landstriche unpassierbar, ebenso in Süd- und Ostafrika.

Charles Elton entwickelte sein Buch aus drei Radiobeiträgen, die er 1957 unter dem Titel »Balance and Barrier« für die BBC gestaltet hatte. Es gilt heute als Grundstein der mit diesem Typ von Naturerscheinungen befassten wissenschaftlichen Disziplin, der sogenannten *Invasionsbiologie* beziehungsweise – etwas weiter gefasst – der *Invasionsökologie*. Es war aber nicht die heute so wichtige Unterscheidung fremder Arten von den einheimischen, die Elton faszinierte. Sein Interesse galt eher dem Phänomen explosionsartiger, scheinbar unkontrollierbarer Massenausbreitung von Tieren und Pflanzen.

Er nannte solche Vorgänge »ökologische Explosionen« – nicht nur augenzwinkernd mit dem Verweis auf die *explosive Welt* der späten 1950er Jahre, in der ein dritter Weltkrieg drohte. »Ich verwende den Begriff ›Explosion‹ absichtlich, denn er bedeutet das Ausbrechen von Kräften aus der Kontrolle, in der sie zuvor durch andere Kräfte gehalten wurden«, schreibt er gleich eingangs des ersten Kapitels.

Wie geraten diese Kräfte außer Kontrolle, nur weil man etwas Exotisches im Garten anpflanzt?

Im Verlauf einer biologischen Invasion überwindet eine Art eine uralte geografische Barriere, zum Beispiel ein Hochgebirge oder einen Ozean, und gelangt in ein Gebiet, das außerhalb ihres bisherigen Verbreitungsgebietes, des sogenannten Heimatareals, liegt. Dort wird sie mit Pflanzen- und Tierarten konfrontiert, die ihr *unbekannt* sind. Das heißt, sie hat sich nicht über einen sehr langen, evolutionsbiologisch relevanten Zeitraum gemeinsam mit den im neuen Gebiet heimischen Arten entwickeln können und ist deshalb gewissermaßen »biologisch fremd«.[158] Anders gesagt mangelt es ihr an »öko-evolutionärer Erfahrung«[159]. Dazu gehört auch, dass sie dort keine Feinde oder Konkurrenten hat, die auf sie spezialisiert sind und ihre Entfesselung unmittelbar kontrollieren könnten.

Bei der Überwindung geografischer Barrieren spielen Menschen längst *die* zentrale Rolle. Erst unsere Einflussnahme hob und hebt für Tausende von Arten die Äonen alten geografischen Barrieren auf. Für uns Europäer ist die »Entdeckung« Amerikas 1492 durch Christoph Kolumbus ein auch in dieser Hinsicht entscheidender Zeitpunkt, ab dem zahlreiche neue Arten über den Atlantik eingeführt wurden, und zwar in beide Richtungen. In anderen Erdteilen gelten andere Zeitmarken.

Eine biologische Invasion umfasst nicht nur die massenhafte Entfaltung im neuen Gebiet selbst, sondern den gesamten Prozess des Überschreitens der Barriere.[160] Entscheidend ist zunächst, ob eine Art regelmäßig neu eingeführt wird, etwa gewerbsmäßig als Nutz- oder Zierpflanze, womit ein permanenter Nachschub an Individuen vorhanden ist. Das macht die ungewollte Ausbreitung wahrscheinlicher, denn viele überleben ihre Ankunft nicht lange. Hat ein Individuum erst einmal den Sprung in die freie Wildbahn geschafft, stellen sich weitere Herausforderungen: Gelingt es ihm, sich zu vermehren? Falls ja – erreicht die neue Population eine stabile Mindestgröße, die ihren dauerhaften Fortbestand sichert?

Die *Invasivität* einer Art, also ihr Potenzial, sich in einem neuen Lebensraum auszubreiten, lässt sich nicht allein aus ihren Eigenschaften ableiten. Will man biologische Invasionen verstehen, müssen auch andere Faktoren berücksichtigt werden, nämlich die Lebensbedingungen im neuen Gebiet. Gibt es hemmende oder fördernde Faktoren, zum Beispiel Fressfeinde oder andererseits Arten, mit denen eine förderliche Beziehung aufgebaut werden kann? Ist die weitere Ausbreitung im Gebiet möglich, oder beschränken etwa zu niedrige Temperaturen, bereits etablierte Pflanzen oder menschliche Störungen das Fortkommen?

In und entlang von Flüssen verbreiten sich aquatisch lebende Tiere und Samen von Pflanzen sehr rasch. Schifffahrtsstraßen im Binnenland und auf hoher See sowie Häfen sind ebenfalls typische Hotspots invasiver Arten. Auch Verkehrswege zu Land, insbesondere Autobahnen und Eisenbahnlinien, dienen invasiven Arten zum schnellen Fortkommen. Insgesamt führten der sich rasant entwickelnde Welthandel und das damit verbundene erhöhte Verkehrsaufkommen zu einer immer weiter wachsenden Zahl von Einführungen.[161]

Es ist einleuchtend, dass stark gestörte Räume mit hohem Fernverkehrsaufkommen, etwa städtische Industriegebiete, eine hohe Anzahl invasiver Pflanzen aufweisen. Häufig wird deshalb der Umkehrschluss gezogen, bestimmte Typen von Ökosystemen – etwa dichte Wälder – seien in ungestörtem Zustand für invasive Pflanzen kaum zugänglich.

Als Ursache wird entweder eine besondere Reife der Lebensgemeinschaft vermutet, ein *Gleichgewichtszustand*, der regelrecht immun gegen das Eindringen fremder Arten macht, oder eine besonders hohe Artenvielfalt. Manche Beispiele gebietsfremder Arten, die in naturnahe Wälder eindringen, zeigen allerdings, dass nicht von einer generellen Unzugänglichkeit »reifer« oder artenreicher Systeme ausgegangen werden kann.

Allein in Deutschland sind rund 1200 gebietsfremde Arten nachgewiesen, doch bleiben spektakuläre Invasionsprozesse bisher die Ausnahme, auch in den Nachbarländern. Schließlich ist Mitteleuropa ein seit Jahrtausenden durch den wirtschaftenden Menschen mit- und umgestalteter, mehr oder weniger naturferner Raum. Es gibt nur eine Handvoll erfolgreicher und durch die breite Bevölkerung wahrgenommener Exoten.

Zum Beispiel das mannshohe, üppig pink blühende Indische Springkraut. Die wunderschönen Blütenstände machen die Art noch immer zu einer beliebten Gartenpflanze. Jede Fruchtkapsel enthält bis zu zehn Samen, die durch einen Schleudermechanismus bis zu drei Meter in die Umgebung der Mutterpflanze katapultiert werden. Inzwischen gibt es bis hektargroße Bestände auch in entlegenen Tälern unserer Mittelgebirge, in Flussauen und auf sogenannten Schlagfluren, wo in Wäldern nach der Abholzung der Bäume manchmal üppige Staudenbestände gedeihen. Solche Massenvorkommen lösen teils emotionale Diskussionen um die Frage aus, ob die Farbe *Pink* in unsere alten Kulturlandschaften gehört oder nicht.

Äußerst konkurrenzstark ist der bis zu drei Meter hohe Japanische Staudenknöterich, der mit seinen dichten Beständen die einheimischen Pflanzen an Bachufern auf großer Fläche verdrängen kann. Dabei werden die betroffenen Ufer stark erosionsanfällig.[162] Noch imposanter ist der ebenfalls große, sehr giftige Kaukasische Riesenbärenklau, der bei Berührung den Schutz der menschlichen Haut gegen UV-Strahlen auflöst und so schwere Verbrennungen hervorruft.

In deutschen Wäldern sind biologische Invasionen bisher kaum ein echtes Problem. Die bedrohlich werdende Invasion der Gelben Scheinkalla (früher als Amerikanischer Stinktierkohl bezeichnet) im Taunus wurde vor einigen Jahren bereits im Frühstadium konsequent unterbunden.[163] Das aus Mittelasien stammende, ausgesprochen erfolgreiche Kleine Springkraut ist heute zwar weit verbreitet, aber harmlos. Die einjährigen, etwa 60 Zentimeter großen Pflanzen mit ihren blassgelben Blüten sind fast bundesweit anzutreffen, aber nur auf drei Prozent der Waldfläche bedeckt es mindestens zehn Prozent des Waldbodens. Tendenziell scheint die Art eher nützlich zu sein, denn sie wächst vor allem dort, wo es für andere Pflanzen zu dunkel ist oder anderweitig ungünstige Standortbedingungen herrschen.

Unter den Gehölzen aber ist eine invasive Baumart erwähnenswert: die aus Nordamerika stammende Spätblühende Traubenkirsche. Sie ist relativ kleinwüchsig und bildet dichte Bestände im Waldunterwuchs. So kann sie die Verjüngung heimischer Waldbaumarten behindern, etwas mehr als 100 000 Hektar sind inzwischen davon betroffen. Auf circa 11 000 Hektar dominiert sie den Wald, das entspricht etwa 0,1 Prozent der Gesamtwaldfläche.[164]

All das ist im Vergleich mit der Situation in anderen Weltgegenden eher unproblematisch. Aber: Die anhaltende Erwärmung macht unsere gemäßigten Breiten zugänglicher für gebietsfremde Arten, und damit erhöht sich auch die Wahrscheinlichkeit biologischer Invasionen. Dabei ist durch die Schwächung einheimischer Arten im Zuge der anhaltenden Veränderungen von Temperatur und Niederschlägen eine weitere Förderung invasiver Arten zu erwarten.

Zu den problematisch werdenden pflanzlichen Neuzugängen in Deutschland gehört der Rundblättrige Baumwürger (*Celastrus orbiculatus*). Erste verwilderte Vorkommen werden aus hessischen Wäldern beschrieben, die Art wurde inzwischen von »potenziell invasiv« zu »invasiv« hochgestuft.[165] Auch invasive Pilze wie der aus Asien eingeschleppte Erreger der Eschenwelke, das »Falsche Weiße Stengelbecherchen«, sind auf dem Vormarsch. Dieser Schlauchpilz befällt Eschen aller Altersklassen und bringt sie entweder direkt zum Absterben oder schafft Angriffsflächen für andere Schadorganismen wie den Bunten Eschenbastkäfer.[166]

In Eltons Buch werden bereits viele Fragestellungen angesprochen, die auch heute noch im Mittelpunkt des Interesses von Invasionsforschern stehen. Zum Beispiel: Was macht invasive Arten so erfolgreich? Wovon hängt der überwältigende Erfolg einer exotischen Art in der für sie neuen Umwelt eigentlich ab?

Die Komplexität der den Invasionsprozess schon einer einzigen Art steuernden, natürlichen und durch menschliches Handeln entstehenden Mechanismen ist enorm. Anfang der 2000er Jahre haben wir uns die Zeit genommen, anhand einer sich rasch in Mitteleuropa ausbreitenden Pflanzenart systematisch zu analysieren, welche Faktoren zusammenwirken müssen, um eine erfolgreiche Massenausbreitung möglich zu machen.[167]

Das aus Südafrika stammende Schmalblättrige Greiskraut war schon damals einer der erfolgreichsten pflanzlichen Neubürger in Mitteleuropa. Die wichtigsten Ausbreitungswege der Pflanze sind Hauptverkehrsachsen, also Fernstraßen und Bahnlinien. Besonders augenfällig wird dies auf den im Herbst von ihren Blüten leuchtend gelb gefärbten Autobahnmittelstreifen, seit Langem zum Beispiel an der A 565 zwischen Bonn und Köln und mittlerweile fast überall in Deutschland.

Betrachtet man die Einwanderung einer invasiven Art genau, lässt sich der Vorgang logisch in vier klare Schritte gliedern: den Transport aus dem Herkunftsgebiet, das selbstständige Überleben erster Exemplare im Zielgebiet, den Aufbau einer tragfähigen neuen Population und die massenhafte Ausbreitung im neuen Raum. Jeder dieser Schritte muss erfolgreich absolviert werden, und dafür müssen sehr viele Gunstfaktoren zusammenkommen und gleichzeitig Probleme ausgeschlossen sein oder gemeistert werden.

Im Falle des Schmalblättrigen Greiskrauts sind es über alle Stadien der Einwanderung zusammengenommen einige Dutzend Gunstfaktoren. Bezüglich der Eigenschaften der Pflanze gehören hierzu etwa die Fähigkeit zur Selbstbestäubung und zur raschen Erholung nach Störungen, schnelle Reproduktion und effiziente Ausbreitung durch eine riesige Anzahl vom Wind transportierter Samen. Ihre große genetische Bandbreite ermöglicht eine hohe Anpassungsfähigkeit an recht unterschiedliche Lebensbedingungen. Gunstfaktoren der neuen Umwelt sind beispielsweise geeignetes Klima und Böden sowie die Abwesenheit von Konkurrenten und Fressfeinden.

Das Verhalten dieser Pflanzenart ist im Zusammenhang mit der Klimaerwärmung sehr interessant. Das Schmalblättrige Greiskraut wurde gegen Ende des 19. Jahrhunderts mit Wolltransporten aus Südafrika eingeschleppt. Erste Vorkommen in Deutschland fanden sich auf dem Gelände von Wollkämmereien, zuerst 1896 am Bremer Überseehafen und in Hannover, etwas später in Leipzig. Jahrzehntelang verharrten diese und andere kleine Vorkommen mehr oder weniger unauffällig am jeweiligen Ort. Sie breiteten sich nicht aus, was darauf hindeutet, dass sie zu jener Zeit mehr oder weniger um ihr Überleben kämpften. Ab 1970 setzte dann plötzlich eine immer schneller werdende Ausbreitungswelle ein, die am ehesten mit dem allmählichen Rückgang starker Fröste zu erklären ist. Heute sind Massenbestände der Art in ganz Deutschland und weit darüber hinaus verbreitet.

Immerhin – auch diese Pflanze verhält sich bisher weitgehend harmlos.

Doch die Folgen biologischer Invasionen reichen schon lange weit über ökologische Probleme hinaus. Die rund um den Globus in den letzten 50 Jahren durch gebietsfremde Arten verursachten Schäden belaufen sich auf rund 1,3 Billionen US-Dollar, bei permanent steigender Tendenz.[168] In der EU summieren sie sich seit 1960 auf 116 Milliarden Euro, wobei es bis 2013 insgesamt »nur« rund 20 Milliarden Euro waren.[169] Die Schäden haben hier also in den letzten Jahren exponentiell zugenommen. In Deutschland belaufen sie sich seit 1970 auf 8,2 Milliarden Euro durch 28 problematische Pflanzen- und Tierarten, bei 2249 gemeldeten und darunter 181 als invasiv eingestuften.[170] Besonders teuer waren hier im Untersuchungszeitraum vier nordamerikanische Arten, der Amerikanische Ochsenfrosch, die Spätblühende Traubenkirsche, der Bisam und der Amerikanische Nerz. Der am stärksten betroffene Bereich war die Landwirtschaft, aber auch Forst- und Fischereiwirtschaft sowie der Gesundheitssektor gerieten zunehmend in den Sog der Effekte.

Bei diesen Zahlen ist zu bedenken, dass invasive Pflanzen bisher in der zu Grunde liegenden Datenbank InvaCost[171] unterrepräsentiert sind, die von ihnen verursachten Kosten also deutlich höher sein dürften.

In den Entwicklungsländern des globalen Südens fällt es wesentlich schwerer, diese Kosten genau zu beziffern, da massive Lücken bei der Erfassung, Bewertung und Bekämpfung invasiver Arten beziehungsweise der durch sie verursachten Schäden bestehen. Für Afrika werden deshalb für den Zeitraum 1970 bis 2020 nur knapp 80 Milliarden Dollar verzeichnet, wobei sich dieser geringe Wert überwiegend auf Daten aus begrenzten Teilräumen Süd- und Ostafrikas stützt, und auch dort fast nur auf wenige erfasste Insektenarten.[172] Die tatsächlichen Werte für den gesamten Kontinent dürften deutlich höher liegen. In die Berechnung für den riesigen Kontinent Afrika sind nur 88 invasive Arten mit genauen Zahlen in die Statistik eingegangen. Zum Vergleich: In Europa sind es 381 invasive Arten.

Hotspots unter Trommelfeuer

Trotz der schon zu Eltons Zeiten bekannten spektakulären Einzelfälle, etwa der Invasion der Chinesischen Wollhandkrabbe an den Küsten von Nord- und Ostsee, blieben biologische Invasionen lange Zeit ein Randthema der Umweltforschung. Erst Anfang der 1990er Jahre stieg die Zahl wissenschaftlicher Arbeiten zu diesem Problemfeld plötzlich sprunghaft an, auf jährlich Tausende von Beiträgen in wissenschaftlichen Zeitschriften. Darin spiegelt sich das Aufbranden einer neuen globalen Herausforderung wider – biologische Invasionen gelten heute als eine der größten Bedrohungen der biologischen Vielfalt überhaupt und werden dementsprechend intensiv beforscht.

Greift man Eltons martialisches Bild von »ökologischen Explosionen« auf, könnte man mit Fug und Recht behaupten, dass viele Ökosysteme im 21. Jahrhundert unter einem nie dagewesenen Trommelfeuer durch Ankünfte von *Aliens* liegen. Nur noch wenige Lebensräume sind heute frei von gebietsfremden Pflanzen- und Tierarten. Dennoch lassen die geografischen Muster biologischer Invasionen bestimmte Gesetzmäßigkeiten erkennen.

Inseln etwa sind in besonderer Weise betroffen, sowohl hinsichtlich der Anzahl invasiver Arten als auch der Folgen für die heimische Artenvielfalt.[173] Gerade ozeanische Inseln der Tropen sind reich an seltenen, nur dort vorkommenden Pflanzen- und Tierarten und gelten daher als sogenannte *Hotspots* der globalen Biodiversität.[174] Durch ihre isolierte Lage konnten sich außergewöhnlich viele *endemische*, also nur dort vorkommende Arten entwickeln oder seit Urzeiten behaupten. Seit Beginn der menschlichen Kolonisation haben viele Inseln einen Teil dieser oft konkurrenzschwachen Arten verloren, unter anderem durch die von Menschen über das Meer herbeigebrachten und invasiv gewordenen Pflanzen und Tiere.

Unter den Inseln der Welt weisen jene des Pazifikraums die höchste Konzentration an invasiven Pflanzenarten auf.[175] Bei einer Gesamtlandfläche von 193 712 Quadratkilometern (ohne das riesige Neuguinea) zeigen sie gleichzeitig die relativ höchste Dichte invasiver Arten weltweit. Übrigens beläuft sich die Zahl der pazifischen Inseln keineswegs auf Abertausende, wie oft zu lesen ist. Die seit 2016 gültige Klassifikation schließt nur Landflächen von mindestens einem Hektar Größe bei hohem Wasserstand ein, und weil damit viele kleinere Felsen und leicht überspülte Atolle aus der Liste fallen, bleiben nur 1778 *echte* Inseln übrig.[176]

Im Pazifikraum haben Menschen die Ausbreitungsbarriere Ozean schon vor Jahrtausenden überwunden, und schon damals mit schwerwiegenden Folgen für die Umwelt. In Fidschi zum Beispiel lebten einst riesige, heute ausgestorbene Großfußhühner (Megapoden), Tauben, Frösche, Schildkröten und Leguane. Auch auf anderen Inseln wurden große Tiere nach der frühen menschlichen Kolonisation sehr schnell ausgerottet. Die ersten polynesischen Siedler brachten zudem oft ihre eigenen Pflanzen mit, nicht nur als Nahrung und Arznei. Zahllose Gebrauchsgegenstände wurden aus dem Anbau mittransportierter Nutzpflanzen gewonnen, unter anderem Messer, Fackeln, Zahnbürsten, Trommeln, Matten, Waffen, Dächer, Shampoo und Klopapier.[177]

Unter den mitgebrachten Tieren haben vor allem Schweine die natürlichen Wälder verändert. Sie konnten in diesen Ökosystemen nicht nur sehr gut unabhängig leben, sondern auch fast überallhin gelangen. Auch die Häufigkeit von Bränden nahm zu, und so verschwanden die Wälder manchmal schon innerhalb von Jahrzehnten nach der Ankunft der Menschen. In trockenen Regionen wie der westlichen Hälfte von Fidschis Hauptinsel Viti Levu wurden die tropischen Trockenwälder bald durch gräserdominierte, savannenartige Landschaften ersetzt. Noch heute gehören dort Rauchsäulen zum alltäglichen Landschaftsbild. Invasive Gräser sind auf vielen Inseln in Trockenlebensräume eingedrungen und haben sie leicht entzündlich gemacht.

Europäische Siedler verschärften diese Prozesse seit dem 18. Jahrhundert durch zunehmende Umwandlung und Zerstörung von Lebensräumen, etwa für den Anbau von Zuckerrohr. Man jagte und erntete einheimische Arten und führte weitere gebietsfremde Arten ein. Die versehentliche Einschleppung der Ratte durch europäische Schiffe etwa führte auf mehreren polynesischen Archipelen zum Aussterben zahlreicher endemischer Landvögel, inzwischen auch zur Bestandsgefährdung bestimmter Palmenarten, deren Früchte die Ratten fressen. Im 18. Jahrhundert eingeführte Huftiere (Rinder, Pferde, Ziegen und Schafe) veränderten unter anderem die Vegetation der Hawaii- und Marquesas-Inseln auf drastische Weise. Die bezüglich ihrer zusammenhängenden Fläche größte Farm der USA, die Parker Ranch, liegt übrigens nicht auf dem nordamerikanischen Festland, sondern auf dem »Big Island« des Hawaii-Archipels. Dort grasen heute rund 17 000 Rinder auf Weiden, die einst von Regenwäldern eingenommen wurden.

Andere Neuzugänge mit schwerwiegenden Nebenwirkungen für die Tierwelt der pazifischen Inseln sind der als Rattenjäger eingesetzte, letztlich aber vorzugsweise Vögel verschlingende und äußerst schlaue Mungo in Fidschi und Hawaii, die fleischfressende, von anderen Gehäuseschnecken lebende Rosige Wolfsschnecke in Hawaii, Samoa und Französisch-Polynesien und die Braune Nachtbaumnatter auf Guam.

Letztere bewirkte dort das Verstummen der Wälder, da ihr massenhaftes Auftreten den Fortbestand einheimischer Vögel nicht mehr zuließ. Erst nach langem Rätselraten und hartnäckiger Forschung über die Ursache des unaufhaltsamen Verschwindens aller einheimischen Vogelarten entlarvte man das Raubtier. Da kamen in den Wäldern schon rund 4600 Nachtbaumnattern pro Quadratkilometer vor, und so konnte gar kein Vogel mehr unbehelligt bleiben.[178]

Wie viele andere gebietsfremde Arten seit den 1930er Jahren wurde die Braune Nachtbaumnatter auf dem Luftweg eingeschleppt. Flugplätze erklären die Anwesenheit invasiver Arten auf pazifischen Inseln ebenso gut wie Häfen. Im Durchschnitt erhöht die Existenz einer geteerten Landebahn die Anzahl gebietsfremder Pflanzenarten auf einer Insel um 108.[179] Aber nicht nur Raubtiere, sondern auch an sich friedfertige gebietsfremde Vögel wie der Japanbrillenvogel oder der *Common Mynah*, Letzterer auf der Liste der *100 Worst Invasive Species*, konkurrieren vielerorts mit einheimischen Vögeln um Nahrungs- und Nistplätze und tragen die Samen invasiver Pflanzen tief ins Land hinein.

Mehr als 1500 landbewohnende Arten stehen allein für den Pazifikraum auf der Roten Liste der bedrohten Arten der IUCN. Die pazifische Region weist zudem den höchsten Anteil bedrohter Vogelarten weltweit auf, und beispielsweise mehr als 90 Prozent (201 Arten) aller pazifischen Landschnecken werden als bedroht eingestuft.

Holzeinschlag und intensive Landwirtschaft haben inzwischen weite Teile der Urwälder zerstört, fast überall auf den Pazifikinseln. Lediglich die relativ kleinwüchsigen Nebelwälder steiler Hochlagen bleiben noch relativ unberührt. Die Abholzung auf den Salomonen und auf Neuguinea geht unvermindert weiter, mit erheblichen sozialen und ökologischen Folgen. Kommerzielle Plantagen mit gebietsfremden Bäumen, insbesondere Ölpalmen, ersetzen einheimische Wälder. In Neukaledonien hat der Bergbau die Wälder erheblich geschädigt, auf Nauru praktisch komplett vernichtet. Darüber hinaus nehmen Ausdehnung und Intensität der Subsistenz- und Plantagenwirtschaft mit wachsender Bevölkerung ohnehin zu.

Manche eingeführten Pflanzenarten sind heute dominante Bestandteile der verbliebenen Inselwälder, insbesondere wenn sie Eigenschaften aufweisen, die zuvor im Ökosystem fehlten. Einer der in dieser Hinsicht bedrohlichsten Zierbäume ist der bis zu 15 Meter hohe *Velvet Tree* (*Miconia calvescens*) aus dem tropischen Amerika, ebenfalls auf der Liste der 100 schlimmsten invasiven Arten der Welt. Dieser Baum ist sowohl schatten- als auch lichttolerant, was bedeutet, dass er sich in einem geschlossenen Wald etablieren kann, dann seine Krone durch das heimische Blätterdach schiebt und die übrigen Bäume durch Beschattung aushungert.

In Teillandschaften Tahitis hat der *Velvet Tree* auf diese Weise die weitgehende Verdrängung einheimischen Waldes bewirkt. Man bezeichnet ihn deshalb dort als *grünen Krebs*. Der Baum ist aufgrund seiner riesigen, bis zu einem Meter langen, glänzend grünen und samtigen Blätter mit violetten Unterseiten leicht zu erkennen. Die nicht einmal zentimetergroßen lila Beeren enthalten bis zu 230 Samen, so dass schon die Früchte eines einzigen Exemplares an die 200 000 Samen pro Blühsaison hervorbringen können. Natürlich werden die Beeren gern von Vögeln gefressen und so die Samen effizient weiterverbreitet.[180]

Längst sind viele Inselwälder auf diese Weise zu »hybriden« Ökosystemen aus einer Mischung von einheimischen und fremden Arten geworden.

Oder zu Wäldern, die es noch niemals zuvor gegeben hat.

Neue Wälder im Paradies

Bisweilen wird angeführt, dass es Ausbreitungsprozesse von Pflanzen und Tieren schon immer gab, letztendlich also gar kein neues Phänomen oder überhaupt kein Problem vorliegt. Von manchen Kritikern wird die Invasionsökologie deshalb auch als »Pseudowissenschaft« bezeichnet.

Ist die wissenschaftliche Sonderstellung dieses modernen Typs der Ausbreitung von Pflanzen und Tieren denn überhaupt sinnvoll zu begründen?

Aber sicher! Das heutige globale Phänomen »Biologische Invasion« unterscheidet sich sowohl durch die ihm zu Grunde liegenden, von uns hervorgebrachten neuen Mechanismen der Ausbreitung als auch durch die Anzahl und Geschwindigkeit der Einbringung von Arten in neue Ökosysteme fundamental von den natürlichen Ausbreitungswellen vergangener Epochen. Mit der immer höheren Frequenz von Einführungen, zumal in einem sich ändernden Weltklima, wird die erfolgreiche Etablierung fremder Arten immer wahrscheinlicher, und damit erhöht sich auch die Wahrscheinlichkeit für das Auftreten problematischer Fälle bis hin zum ökologischen Desaster.

Diskussionen wie die oben angedeutete kann man sich deshalb nur erlauben, wenn man weit weg von den Brennpunkten dieser Problematik lebt. In vielen Naturräumen außerhalb Mitteleuropas verlaufen biologische Invasionen sehr folgenschwer. Und im Pazifikraum würde solches Räsonieren wohl nur ungläubiges Kopfschütteln hervorrufen. In Hawaii zum Beispiel kann man sich heute mit jedem Schulkind und jeder Kassiererin im Supermarkt über invasive Arten und deren Bedrohungspotenzial unterhalten.

Dafür gibt es gute Gründe.

Auf den Inseln Hawaiis sind von den mehr als 8000 eingeführten Gefäßpflanzenarten inzwischen rund 900 in der freien Natur etabliert; etwa 100 davon sind invasiv und verdrängen zahlreiche endemische Arten.

Die Zahlen an sich sind aber nicht das Problem.

Zur Erinnerung – nach dem schweren Waldsterben der 1970er und 1980er Jahre konnte in Hawaii Entwarnung gegeben werden, denn die Entwicklung der Regenwälder folgte offensichtlich einem ewigen Zyklus. Alte *Ohia*-Bäume sterben etwa alle 400 bis 600 Jahre aus natürlichen Gründen ungefähr gleichzeitig ab und werden durch nachwachsende Bäume der gleichen Art ersetzt. Auf diese Weise haben sich die relativ einfach aufgebauten Urwälder wohl über Jahrhunderttausende auf der Inselgruppe erhalten.

Das trifft nicht mehr überall zu.

Anfang der 2000er Jahre, im Zuge der Wiederaufnahme von Arbeiten an alten Untersuchungsflächen aus den 1970er Jahren, stellte sich heraus, dass einige Waldabschnitte ein abweichendes Verhalten zeigten. In ihnen hatte sich auch fast drei Jahrzehnte nach dem Waldsterben keine neue *Ohia*-Kohorte eingestellt. Der Anteil toter Bäume war unverändert hoch geblieben. Mehr noch – es gab dort überhaupt keine jungen *Ohia*-Bäume, trotz guter klimatischer Voraussetzungen und tragfähiger Böden.[181]

Stattdessen fand sich in diesen Wäldern etwas bis dahin Unbekanntes: prächtige, dichte Bestände einer südamerikanischen Baumart, der Erdbeer-Guave. Dieser bis zu zehn Meter hoch werdende Baum, in Hawaii *waiawī 'ula 'ula* genannt, hat Früchte, die fast wie Erdbeeren schmecken. Das war auch der Grund, warum man diese Baumart 1825 aus dem tropischen Amerika nach Hawaii eingeführt und auf Plantagen angepflanzt hatte.

Wie konnte es sein, dass an Stelle der erwarteten natürlichen *Ohia*-Kohorten plötzlich Kohorten einer völlig fremden Baumart mitten im Regenwald standen, weit weg von Plantagen und offensichtlich ohne menschliches Zutun?

Guaven schmecken nicht nur Menschen, sondern auch den *feral pigs* – Wildschweinen, die sich höchstwahrscheinlich aus Hausschweinen der frühen polynesischen Siedler entwickelt haben. Auf ihren Pfaden, den *pig trails*, ziehen sie tief im Regenwald umher und scheiden die Guavensamen aus. Durch ihr Wühlen schaffen sie offene Bodenstellen und fördern so die Ansiedlung dieser Baumart. Darüber hinaus wird die Frucht von gebietsfremden Vögeln verzehrt, die ebenfalls zur weiten Verbreitung der Samen tief im Regenwald beitragen. Das sind gleich zwei neue, effiziente Ausbreitungsmechanismen, die nicht zur ursprünglichen Inselnatur gehören und mit denen die von alters her auf Windverbreitung ihrer Samen setzenden *Ohia*-Bäume plötzlich konkurrieren müssen.

Überhaupt mussten die nachwachsenden *Ohia*-Bäume bis dahin Konkurrenz kaum fürchten. Aufgrund der isolierten Lage des Hawaii-Archipels sind von Natur aus nur wenige andere Baumarten vertreten. Es gibt kaum welche, die auf dem kargen und unsteten vulkanischen Terrain mit *Ohia* Schritt halten können, und normalerweise sind nur wenige Exemplare anderer Baumarten in die von *Ohia* beherrschten Wälder eingestreut.

Während des großen *Dieback* der 1970er Jahre aber konnten die bereits vielerorts entlang der *pig trails* aufkommenden Guavenbäume die Schwächeperiode der dominanten *Ohia*s nutzen und deren vorübergehend unbesetzte Wuchsorte dauerhaft in Besitz nehmen. So erhöht also das natürliche Absterben der dominanten *Ohia*-Bäume die Zugänglichkeit des hawaiianischen Regenwaldes für invasive Arten. Nach dem großflächigen Waldsterben in den 1970er Jahren stieg die Zahl und Verbreitung invasiver Pflanzenarten in diesem Ökosystem rasant an.[182]

Für den dauerhaften Erfolg der eng mit *Ohia* verwandten Erdbeer-Guave ist vermutlich ausschlaggebend, dass die Art auf Grund ihres raschen Wuchses die vom *Ohia*-Jungwuchs im Regenwald beanspruchte und vorübergehend unbesetzte Nische schneller besetzen und vollkommen ausfüllen konnte. So resultiert der dauerhafte Erfolg aus einem kurzen, durch das natürliche Waldsterben vorgegebenen Zeitfenster von etwa 20 Jahren, in dem die schnell wachsende gebietsfremde die langsam wachsende einheimische Baumart auf Grund hoher, durch Tiere bedingter Mobilität ihrer Samen nun auf großer Fläche langfristig ersetzen konnte. Dabei hilft auch, dass das Laub der Guave eine toxische Wirkung auf andere Pflanzen hat.

Es geht aber noch schlimmer.

Die aus dem Himalaya stammende, wunderschön blühende und intensiv duftende Zierstaude Kahili-Ingwer (*Hedychium gardnerianum*) kann sogar im geschlossenen Regenwald alle anderen Pflanzenarten verdrängen, ganz ohne vorheriges Waldsterben. Ihre extrem dichten, über zwei Meter hohen Bestände wirken wie ein Filter, der andere Pflanzenarten auf dem Waldboden ausschließt, auch den Jungwuchs von Bäumen, Sträuchern und Baumfarnen. Auf dem Waldboden ist es kühl, schattig und feucht, und im Waldboden wachsen die fast rübenartigen Speicherwurzeln so dicht, dass ohnehin kein Wurzelraum für andere Pflanzen mehr übrig bleibt. Im Falle eines *Dieback* würde auch der Aufwuchs neuer *Ohia*-Bäume verhindert.

Es gibt nur eine einzige Baumart, die sich unter diesen Umständen noch etablieren kann: die Erdbeer-Guave. Hier entsteht also durch Synergieeffekte zweier invasiver Pflanzenarten ein neues Regenwald-System praktisch ohne einheimische Pflanzen.[183]

Das hat fundamentale Folgen für das natürliche Ökosystem »Bergregenwald« in Hawaii.

Das Zusammenwirken der invasiven Arten Wildschwein, Kahili-Ingwer und Erdbeer-Guave verursacht einen sogenannten *invasional meltdown*, einen ökologischen Kollaps durch die Synergien biologischer Invasionen. Ein solcher Kollaps tritt ein, wenn ein Ökosystem dauerhaft seine Fähigkeit einbüßt, der Mehrzahl seiner in ihm natürlicherweise beheimateten Arten einen Lebensraum zu bieten. Am Ende steht ein *Novel Ecosystem*, ein neuartiges Ökosystem, das in dieser Form und Zusammensetzung ein absolutes Novum verkörpert.

Gleichzeitig geht der heimische Regenwald als touristisches Kapital des *Hawaii Volcanoes National Parks* verloren und büßt zahlreiche seiner ökologischen Funktionen ein. Auch die Funktion als Süßwasserreservoir dürfte in den eher niedrigwüchsigen und artenarmen Guavenwäldern reduziert sein. Aus Sicht des Naturschutzes ist in diesem Fall klar die Empfehlung zur konsequenten Bekämpfung der invasiven Arten auszusprechen.

Aber wie soll man diese Empfehlung in einem so ausgedehnten und schwer zugänglichen Lebensraum mit vertretbarem Aufwand umsetzen?

Ein groß angelegter Versuch, Kahili-Ingwer im Nationalpark zu bekämpfen, ist bereits gescheitert. 2004 und in den Folgejahren wurden auf mehreren Hektar Regenwald alle Ingwerstauden mit Macheten abgeschlagen und die Stümpfe mit dem Gift *Roundup* behandelt. Der großflächige Einsatz eines Pestizids für Naturschutzzwecke in einem Regenwald erscheint merkwürdig, doch die jahrelange Nachbehandlung führte bis 2008 zum fast völligen Verschwinden des Ingwer. Gleichzeitig keimten verbreitet wieder einheimische Bäume und Baumfarne auf den Flächen. Irgendwann aber waren die Mittel für die Fortsetzung der Nachkontrolle erschöpft. Als ich 2013 das Gebiet wieder besuchte, stand der Ingwer im gesamten Areal so dicht und übermannshoch wie vor den aufwendigen Maßnahmen.

Tote Wälder am Ende der Welt

Die Insel Navarino im chilenischen Teil des Feuerland-Archipels ist fast so groß wie das Saarland, genau 2473 Quadratkilometer. Sie ist ein Kernstück des 2005 eingerichteten Kap-Hoorn-Biosphärenreservates der UNESCO. Ihre zentralen Höhenzüge reichen fast bis auf 1200 Meter hinauf, und die eingestreuten, immer noch weitgehend naturnahen Täler sind ebenso wie das nördliche Vorland von ausgedehnten, dichten Südbuchen-Wäldern bedeckt. Hier wachsen vor allem drei Baumarten: die Lenga-Südbuche, die Magellan-Südbuche und stellenweise auch die Antarktische Südbuche.

In dieser kaum besiedelten, noch recht ursprünglichen Landschaft gibt es seit dem ausgehenden 20. Jahrhundert etwas Neues zu besichtigen – ausgedehnte, tote Südbuchen-Wälder. Sie sind auch auf Satellitenbildern gut zu erkennen und haben alle eines gemeinsam: die Lage in Tälern beziehungsweise an Flüssen.

Dieses neue, im Anblick durchaus schockierende Landschaftselement verdankt der Naturraum an der äußersten Südspitze des amerikanischen Kontinents der Invasion einer Tierart vom anderen, nördlichen Ende des Kontinents. 25 Paare des Nordamerikanischen Bibers wurden in den 1940er Jahren zur Pelztierzucht nach Feuerland eingeführt, genauer auf dessen größte Insel, die *Isla Grande*. Diese Geschäftsidee erwies sich als wenig tragfähig, und so wurden die Zuchtfarmen bald aufgegeben, die Tiere schließlich sich selbst überlassen.

Bald schwammen Biber über den südlich angrenzenden, nur wenige Kilometer breiten Beagle-Kanal zur gewässer- und waldreichen Insel Navarino. Hier fanden sie optimale Lebensbedingungen und erreichten nach wenigen Jahrzehnten eine Populationsdichte, die jene im nordamerikanischen Herkunftsgebiet um ein Vielfaches übertraf. Um die Jahrtausendwende sollen es bereits 20 000 Tiere gewesen sein. Biber haben im Feuerland-Archipel keine natürlichen Feinde. Der Besiedlungsdruck wurde durch die Übervölkerung so groß, dass viele Tiere in weniger optimales Gelände ausweichen mussten, unter anderem immer tiefer hinein ins Gebirge.

Biber leben bekanntermaßen *semiaquatisch*, das heißt, sie nutzen Lebensraum im Wasser und an Land. Dabei nagen sie am Ufer wachsende Gehölze ab, stauen Bäche damit auf und erzeugen abschnittsweise kleine Stauseen, ein auch in Mitteleuropa bekanntes Phänomen. Sinn des Ganzen ist die ausgleichende Wirkung auf den schwankenden Wasserspiegel und die wechselnde Strömungsgeschwindigkeit des Fließgewässers. So werden die Lebensbedingungen für den Biber deutlich angenehmer. Der entstehende Biberteich dient auch als Vorratsspeicher und bietet Schutz vor Feinden. Seine Größe variiert in Feuerland je nach Landschaftstyp zwischen 2700 und 160 000 Quadratmetern.

Der von der damit einhergehenden Anhebung des Grundwasserspiegels betroffene Landschaftsausschnitt ist jedoch wesentlich größer, und so gehen im Umkreis auch viele Bäume zu Grunde, die nicht direkt im Wasser stehen. Man geht davon aus, dass etwa ein Viertel des gesamten Waldvorkommens auf Navarino in irgendeiner Weise durch den Biber beeinflusst wurde.

Nicht nur beeindruckende Landschaftsveränderungen wie das Absterben der weitgehend unberührten natürlichen Südbuchenwälder in den nun überstauten Bereichen Navarinos – bis zu 15 Prozent der Insel – sind die sichtbare Folge. Vielerorts ragen astlose, tote Stämme in den Himmel, ältere, aufgegebene Biberteiche und ihr Umland sind mit Totholz übersät. Zahlreiche Tierarten der natürlicherweise rasch fließenden Binnengewässer verlieren durch die Verlangsamung der Strömungsgeschwindigkeit und die zuvor unübliche Anhäufung von Sediment ebenfalls ihre Lebensgrundlage. Immerhin – das Aussterben einer Art infolge der Biberinvasion ist bisher nicht nachgewiesen worden.

Die vom Biber geschaffenen Stillgewässer besiedelt inzwischen auch ein fremdes Raubtier, der Amerikanische Nerz oder Mink. Er frisst bodenbrütende Vogelarten, die solch einen Feind nie hatten. Werden Teiche von den Bibern aufgegeben, verlanden sie allmählich. Die bald einsetzende Vegetationsentwicklung wird von europäischen Futtergräsern geprägt, die bislang nur auf Rinderweiden vorkamen. Auch hier führt das Zusammenwirken gebietsfremder Arten zumindest vorübergehend zur Entstehung eines neuen Ökosystems, denn solch sumpfiges Gelände mit dichtem Grasfilz können sich Südbuchen nur schwer zurückerobern.[184]

Diese ökologischen Folgen wurden von entscheidenden Akteuren lange Zeit nicht ernst genommen. Weshalb auch keine wirkliche Kontrolle des Bibers stattfand. In diesem entlegenen Raum – rund 2400 Kilometer von der Hauptstadt Santiago de Chile entfernt – erschien sie dem Staat wohl unangemessen, da technisch sehr aufwendig und schlichtweg zu teuer. Zudem war ja überwiegend *bloß* ein natürliches, von Menschen höchstens zur Brennholzgewinnung genutztes Ökosystem betroffen.

Das Ausmaß der durch den Biber verursachten Probleme würde bei konsequenter Auslegung internationaler Richtlinien und verbindlicher Abkommen, insbesondere der auch von Chile unterzeichneten Biodiversitätskonvention (*Convention on Biological Diversity*, kurz CBD) die umfassende Bekämpfung und vollständige Ausrottung der Art auf Navarino nicht nur rechtfertigen, sondern sogar zwingend erfordern. Artikel 8(h) des Vertragswerkes verpflichtet die Unterzeichner des Vertrages, neben Chile nahezu alle Länder der Welt, »… soweit möglich und sofern angebracht, die Einbringung gebietsfremder Arten, welche Ökosysteme, Lebensräume oder Arten gefährden, zu verhindern, und diese Arten zu kontrollieren oder zu beseitigen.«[185]

Dieser Logik folgen entschlossene Naturschützer, die auf die konsequente Bekämpfung des Bibers drängen. Sie äußern sich immer wieder recht kriegerisch und wollen mit eisernem Besen in breiter Front gegen die Tiere vorgehen.[186]

So einfach ist das aber nicht.

Zwar begann die chilenische Landwirtschaftsbehörde in den späten 2000er Jahren tatsächlich mit Bekämpfungsmaßnahmen, aber nicht unwidersprochen, denn in diesem Raum prallen ganz verschiedene menschliche Interessen aufeinander, unter anderem Landwirtschaft, Fischerei, Tourismus und Naturschutz.

Die Problematik biologischer Invasionen ist dort schwerer zu vermitteln, wo sich invasive Arten besonderer Beliebtheit erfreuen. Auf Navarino leben etwas mehr als 2100 Menschen, die meisten davon in der Hauptstadt Puerto Williams, angeblich die südlichste Stadt der Welt. Hier sind die Biber recht beliebt, zum Beispiel als willkommene Ergänzung auf der Speisekarte der traditionell eher vom Fischfang lebenden Bevölkerung. Manche halten Biber sogar als Haustiere, obwohl diese gerne Tischbeine anknabbern. Und dann ist da noch ein weiteres Paradox: Die in der Region umworbene, durch das Biosphärenreservat angezogene Zielgruppe der Ökotouristen ist von den zahlreichen Möglichkeiten zur Begegnung mit Bibern in der freien Wildbahn begeistert.

Wie kann man in einer solchen Gemengelage von Fakten und Wertvorstellungen die richtige Entscheidung treffen? Welche Natur soll nun eigentlich geschützt werden?[187] Schließlich stehen ja hinter vielen Argumenten gegen die invasiven Arten Wertvorstellungen von Menschen, wie Natur zu sein hat und wie nicht. Fragt man die Einheimischen, ergibt sich ein recht buntes Bild.[188] Will man aus der Vielfalt der Meinungen ein Muster herausfiltern, wäre es ungefähr dieses: Für manche Menschen ist der Unterschied invasive Art – einheimische Art nicht wahrnehmbar, da für sie alle Tiere zur Natur gehören. Andere, die einen eher intellektuellen Zugang zur Natur haben, sehen den Biber als Bedrohung, der das ökologische Gleichgewicht aus den Fugen bringt. Wieder andere identifizieren sich gar auf sehr tiefgreifende Weise mit dem tierischen Neubürger. Dies belegt die Aussage »Ich mag den Biber, er ist *wie wir*. Wir kamen auch hierher, um uns anzusiedeln, und nun wird uns hier keiner mehr wegbringen.«[189] Solchermaßen integriert bringt es das Tier inzwischen zum Maskottchen.

Es gibt also längst eine große Toleranz gegenüber dem Fremdling aus dem fernen Nordamerika. Wie also kann man die widerstreitenden Interessen zu einem Kompromiss führen? Zunächst gilt, dass die Lösung eines solchen Problems eine breite Beteiligung der Öffentlichkeit erfordert. Während ihr lokales Wissen wichtige Informationen über den Stand der Invasion und das Verhalten der Tiere liefert, sollten umgekehrt von Seiten der Wissenschaft alle verfügbaren Informationen auch für die Bevölkerung aufbereitet und zugänglich gemacht werden. Die Werte und Wertvorstellungen der hier beheimateten Menschen müssen ermittelt und berücksichtigt werden, bevor die Umsetzung internationaler Abkommen vor Ort durchgedrückt wird. Kommt es zur Bekämpfung, sollten Kompromisse unter Beteiligung der Einheimischen gefunden werden, auch indem Verdienstmöglichkeiten durch die Maßnahmen geschaffen werden.

Die riesige Biberpopulation auf Navarino auszurotten wäre zwar technisch wohl möglich – schließlich handelt es sich um eine einigermaßen überschaubare Insel –, es würde allerdings einen enormen langfristigen Aufwand bedeuten. Vielleicht aber wäre all dieser Aufwand am Ende doch vergeblich. Denn natürlich kann man einer Art in einem für sie idealen Lebensraum technisch zu Leibe rücken und sie stark dezimieren. Sie aber dauerhaft loszuwerden ist ein recht schwieriges Unterfangen und auch bei größtem Aufwand keineswegs garantiert. Und überdies: Kürzlich wurde bei einer Untersuchung von 13 Inseln im Cape-Horn-Biosphärenreservat festgestellt, dass Biber und Nerz sich bereits drei andere Inseln erobern.[190] Während die Biber einfach dorthin schwimmen, nehmen die Nerze auch mal eine Fähre oder ein Fischerboot – sie halten es kaum länger als fünf Minuten im kalten Wasser aus und lassen sich gerne von Menschen befördern.[191]

Alle gegen den Bisam

Dass in Fällen invasiver Wasserbewohner selbst bei frühzeitiger Entdeckung von Problemen auch entschlossenes Vorgehen erfolglos bleiben kann, konnte im Verlauf des 20. Jahrhunderts in Mitteleuropa erlernt werden.

Als Fürst Colloredo-Mannsfeld 1905 von einer Jagdreise aus Alaska nach Mittelböhmen zurückkehrte, hatte er etwas Besonderes im Gepäck. Es waren drei Weibchen und zwei Männchen einer Tierart, die er in Nordamerika kennengelernt hatte und die er für hervorragend geeignet hielt, seine Jagdlust auch zu Hause zu befriedigen. Also setzte er die kleine Gruppe rund 35 Kilometer südwestlich von Prag auf seinem wald- und gewässerreichen Landsitz Gut Dobrisch aus, in der Hoffnung, sie möge sich dort gut entwickeln.

Dieser Wunsch sollte sich erfüllen.

Bereits 1912 hatten ihre Nachkommen fast ganz Böhmen besiedelt. 1915 erschienen sie am Fluss Regen in Bayern. 1927 hatten sie ein Gebiet von etwa 200 000 Quadratkilometern erobert und erreichten auf breiter Front die Nachbarländer. Bald waren ganz Tschechien, die Slowakei, Ungarn, Polen, Rumänien, der nördliche Teil Jugoslawiens und weitere Länder von der eigentlich für Jagdzwecke auf einem einigermaßen übersichtlichen Landgut eingeführten Tierart überrannt worden.[192]

Es handelte sich um einen Verwandten des Bibers, den Bisam – und somit keineswegs um eine »Ratte«, wie die volkstümlichen Bezeichnungen Wasserratte, Bisamratte, Moschusratte, Zibethratte und Biberratte eigentlich nahelegen. Andere Volksnamen sind Sumpfkaninchen, Sumpfhase, Muschmaus, Zibetmaus und Bisambiber. Hasen und Mäuse sind sie auch nicht, aber die vielen Volksnamen belegen, wie intensiv diese Neubürger schon allein in deutschsprachigen Landen wahrgenommen wurden.

Zwergbiber ist vielleicht die treffendste Bezeichnung unter allen, denn auch die Lebensweise des Bisams ist jener des Bibers recht ähnlich. Er besiedelt stehende bis mäßig strömende Gewässer, wobei er tiefe Höhlen in weite Uferbereiche gräbt. Entlang von Bächen und schließlich Flüssen wie Elbe und Weser konnte er sich von Dobrisch aus hervorragend ausbreiten, denn ähnlich wie der Nordamerikanische Biber im Feuerland-Archipel fand die Art in Mitteleuropas Landschaften eine unbesetzte ökologische Nische ohne direkte Konkurrenz.

Oftmals lassen sich die Tiere auf Treibholz oder Eisschollen flussabwärts treiben und können so in kurzer Zeit große Distanzen zurücklegen, theoretisch bis zu 160 Kilometer am Tag. Vor allem entlang der Elbe verlief die Ausbreitung besonders rasch. 1933 wurden erste Einzeltiere in Hamburg gesichtet, was bedeutet, dass die Population allein in dieser Himmelsrichtung um 550 Kilometer Luftlinie vorgedrungen war.

Bis zum Schwanzende messen die ausgewachsenen Tiere etwa 65 Zentimeter und erreichen ein Gewicht von circa zwei Kilogramm. Sie sind sehr gute Schwimmer: Der Schwanz ist seitlich abgeflacht, Nase und Ohren sind verschließbar, die Hinterfüße sind von Schwimmborsten gesäumt. Ihr durchschnittlicher alltäglicher Aktionsradius beträgt rund 250 Meter, Tauchgänge dauern normalerweise fünf bis zwölf Minuten. Pro Jahr werden in drei bis vier Würfen bis zu zwölf Junge zur Welt gebracht, der erste Wurf erfolgt Ende April. Die reine Säugezeit beträgt 14 Tage, Weibchen können bereits nach fünf, Männchen nach sieben Monaten geschlechtsreif sein.[193]

Die dämmerungsaktiven Bisame sind untereinander friedfertig und weilen im Sommer tagsüber in den besagten Uferhöhlen. Die Anlage der Bauten ist von der Struktur des jeweiligen Flußufers abhängig – je flacher das Ufer, desto weitläufiger die Untergrabung. Jeder Bau besitzt eine Brutkammer, eine Vorratskammer und ein System von Gängen bis zu 40 Meter Länge mit etlichen Belüftungsschächten. Winters bewohnt der Bisam bis zu 1,5 Meter hohe, schwimmende Schilfburgen.

Schon sehr früh zeichnete sich ab, dass durch den Bisam enorme Schäden verursacht werden können. Bei Hochwasser werden seine Wohnhöhlen leicht durch Strömung und Wasserdruck erweitert, was Ufer, Dämme, Straßen- und Eisenbahnböschungen zum Einsturz bringen kann, mit beträchtlichem wirtschaftlichem Schaden.

Nach einer Inspektion des böhmischen Areals im Jahre 1916 gab Professor Dr. Röhrig von der Biologischen Reichsanstalt einen alarmierenden Bericht ab, der an der Notwendigkeit von Bekämpfungsmaßnahmen keinerlei Zweifel ließ. Bereits 1917 traten Polizeiverordnungen zur Bisambekämpfung in Sachsen und Bayern in Kraft. Auf dieser Grundlage entwickelten sich nach dem Ersten Weltkrieg die ersten organisierten Bekämpfungsdienste.

Nach wachsenden, durch den Bisam verursachten Problemen bei der Instandhaltung von Wasser- und Verkehrswegen wurde der Entschluss gefasst, einen »Reichsbekämpfungsdienst« einzurichten. Die »Reichsverordnung zur Bekämpfung der Bisamratte«, basierend auf dem »Gesetz zum Schutze der Kulturpflanzen« trat am 1. Juli 1938 in Kraft. Darin wurde der Bisam kurzerhand zu einer Art Ungeziefer erklärt, was eine besonders rücksichtslose Bekämpfung erlaubte. Diese Auffassung wurde auch in Nachkriegsdeutschland beibehalten, in der alten Bundesrepublik bestätigt durch das Pflanzenschutzgesetz vom Mai 1968, in dem man die Säugetierart wie ein Insekt als *Pflanzenschädling* einstufte.

Der Bisam wurde fortan durch Fallenfang, giftige Köder, Frettchen, Giftgas und Schusswaffen zu jährlich Zehntausenden erlegt. Bei sehr starkem Befall wurden auch Reusen, fallenbestückte Schwimmflöße und Kunstbauten eingesetzt. Tausende ehrenamtliche, durch eine Fangkarte legitimierte Bisamjäger erhielten pro erlegtem Tier Fangprämien zwischen 50 Pfennig und 10 D-Mark.

Während die so erzählte Geschichte bisher stark auf die Jagdleidenschaft des Fürsten Colloredo-Mannsfeld als Ursache des Übels verweist, muss fairerweise noch erwähnt werden, dass man bis Anfang der 1920er

Jahre von staatlicher Seite sehr wohl ein Interesse an der Ansiedlung des Bisams hatte. Es gibt Hinweise, dass die Tiere zu Tausenden aus Manitoba eingeführt wurden, und zwar für die Pelztierzucht in den großen Moor- und Seengebieten Norddeutschlands. Aus etwa gleichzeitig angelegten Bisamfarmen in Frankreich kam es zu Massenfreisetzungen, zum Beispiel 1928 bei Belfort, wo etwa 500 Tiere in die Freiheit gelangten.

Auch der Berliner Zoologische Garten besaß wohl schon vor 1915 einige Exemplare, doch ist nicht bekannt, ob sie zur Invasion beigetragen haben. Das wäre aber angesichts des überwältigenden Erfolges der schon in freier Wildbahn etablierten Populationen ohnehin zu vernachlässigen gewesen. Überdies: Damals sollen auch bei Krumau an der oberen Moldau schon Bisame gehalten worden sein, und auch in Tabor wurden angeblich 1905 Bisame freigesetzt. Diese Privatbestände trugen vielleicht zur raschen Ausbreitung in Böhmen bei.

Die Empfehlung 77 des »Berner Übereinkommens über die Erhaltung der europäischen wildlebenden Pflanzen und Tiere und ihrer natürlichen Lebensräume« nennt den Bisam unter den Beispielarten, die nachweislich eine Gefahr für die biologische Vielfalt darstellen und zur Ausrottung empfohlen werden, denn jenseits ökonomischer Schäden verringert der Bisam durch die Zerstörung von Schilfgürteln, Abfressen bedrohter Pflanzenarten und Jagd auf Flusskrebse sowie seltene Süßwassermuscheln wie der Flussperlmuschel den ökologischen Wert schutzwürdiger Lebensräume. Indirekt davon betroffen sind auch seltene Fischarten wie der Bitterling, der seine Eier in Muscheln ablegt.

Allerdings ist schon seit Langem absehbar, dass eine Ausrottung des Bisams gar nicht mehr möglich ist. Die jahrzehntelange konsequente Bekämpfung dieser invasiven Art hat ihre Ausbreitung in einem für sie idealen Naturraum bestenfalls verzögert und ist letztlich trotz höchstem Aufwand fehlgeschlagen. Die Bekämpfung zielt deshalb heute nur noch auf eine Bestandskontrolle in besonders kritischen Situationen. Seit dem Jahr 2000 gibt es keinen staatlich organisierten Bisamfang mehr.

Lediglich Wasser- und Schifffahrtsdirektionen sind verpflichtet, die zur Erhaltung der Wasserstraßen angemessene Bekämpfung fortzuführen, allerdings mit weniger radikalen Mitteln. Nach der Bundesartenschutzverordnung ist es gestattet, »Bisame mit Fallen, ausgenommen Käfigfallen mit Klappenschleusen (Reusenfallen), zu bekämpfen, soweit dies zum Schutz gefährdeter Objekte, insbesondere zum Hochwasserabfluss oder zum Schutz gegen Hochwasser oder zur Abwehr land- oder fischerei- oder sonstiger erheblicher gemeinwirtschaftlicher Schäden erforderlich ist. Die Fallen müssen so beschaffen sein und dürfen nur so verwendet werden, dass das unbeabsichtigte Fangen von sonstigen wild lebenden Tieren weitgehend ausgeschlossen ist.«[194]

Heute ist der Bisam eines der erfolgreichsten Neozoen – so bezeichnet man gebietsfremde Tierarten – in Mitteleuropa.

Where to invade next

Biologische Invasionen stehen also in ganz individuellen und gleichzeitig komplexen ökologischen, ökonomischen und auch sozialen Problemzusammenhängen. Wo überhaupt möglich, ist die Erarbeitung nachhaltiger Lösungsansätze sehr anspruchsvoll und oft nur auf Grundlage umfassender Analysen möglich.

Obwohl die Entwicklung nationaler Strategien gegen invasive Arten von allen Vertragsstaaten der Biodiversitätskonvention gefordert ist, tun sich viele mit der Umsetzung noch immer schwer. Es erfordert eben nicht nur politischen Handlungswillen, sondern umfassendes biologisches, ökologisches, soziologisches, ökonomisches und institutionelles Know-how. Das ist schwer zu leisten, und so haben viele Länder auch 30 Jahre nach Rio noch immer keine verbindliche nationale Strategie gegen invasive Arten verabschiedet und implementiert.

Selbst dort, wo die Lage eindeutig bedrohlich ist und zielführendes Handeln möglich wäre, passiert oft – nichts! Warum das so ist, hat ebenfalls sehr unterschiedliche Gründe. In vielen Ländern, die besonders schwer von biologischen Invasionen betroffen sind, gibt es institutionelle Muster, die das Problem erklären. Kehren wir noch einmal zurück zur Elfenbein-Rohrpalme in Fidschi, denn dieser Fall hat etwas Exemplarisches.

Wie überall im Südpazifik steigt auch in Fidschi die Zahl der biologischen Invasionen unaufhörlich an. Fidschi ist ein aus 211 Inseln mit einer

Gesamtfläche von 20 857 Quadratkilometern bestehendes Land im Südpazifik, etwas kleiner als das Bundesland Sachsen-Anhalt und etwas größer als Rheinland-Pfalz. Im Durchschnitt erheben sich die Inseln 134 Meter über Meereshöhe, die Gebirgszüge der Hauptinsel Viti Levu reichen bis
auf 1300 Meter hinauf. Im Land leben knapp eine Million Menschen.
Die Lage in den Tropen und die leichte Erreichbarkeit der Inseln von
überallher machen den Archipel zu einem beliebten Reiseziel. Ein permanenter Strom von Fracht- und Kreuzfahrtschiffen steuert die Häfen
an, Fähren die größten bewohnten Inseln, private Jachten praktisch jedes Eiland. Zudem beherbergt die Großstadt Suva wichtige internationale Organisationen aus Wirtschaft und Politik. Diese regionale und
globale Vernetzung liefert die Plattform für zahlreiche ungewollte Einführungen gebietsfremder Arten.

Wie viele andere pazifische Inselstaaten und Territorien hat Fidschi
die *Convention on Biological Diversity* ratifiziert und ist seit Dezember
1993 Mitglied der Konvention, ein sogenannter Vertragsstaat. Es ist jedoch fraglich, ob die Behörden Fidschis über die Kapazitäten und Ressourcen verfügen, invasive gebietsfremde Arten zu erkennen, zu über-
wachen und gegebenenfalls auch zu kontrollieren. Mit anderen Worten:
Leistungsfähige Institutionen, die die Biodiversität des Landes sichern
könnten, existieren nicht wirklich.

Ein Beispiel: Das für die Umwelt zuständige Ministerium, *Ministry
for Waterways and Environment*, hat ein Umweltressort, das im Regie-
rungsapparat der Bundesrepublik Deutschland am ehesten dem Umweltbundesamt und dem Bundesamt für Naturschutz entspricht. Das
deutsche Umweltbundesamt hat rund 1600 Mitarbeiterinnen und Mitarbeiter in fünf Fachbereichen mit insgesamt 15 Abteilungen,[195] das
Bundesamt für Naturschutz 390 Bedienstete und zwei Fachbereiche,
untergliedert in insgesamt sieben Abteilungen mit 30 Unterabteilungen,
den sogenannten Fachgebieten und Referaten.[196] Dazu gibt es entsprechende Ressorts in den Regierungen der Bundesländer und zahlreiche
mit Umwelt- und Naturschutz befasste Behörden bis hinunter zu den
Unteren Naturschutzbehörden der Landkreise. Zudem verfügen beide
Bundesämter über komplex strukturierte Führungsebenen. Insgesamt

haben all diese mit Umwelt und Natur in Deutschland befassten Institutionen Tausende von Bediensteten.

Zum Vergleich: Das Umweltressort der Regierung von Fidschi, das einen den beiden Bundesämtern vergleichbaren Aufgabenbereich abdeckt, verfügt auf der Führungsebene über genau – *eine* Mitarbeiterin (und keinen Mitarbeiter) mit einer Handvoll zugewiesenen technischen Personals. Die Mitarbeiterin ist übrigens sehr freundlich.

Da Fidschi das größte und am besten entwickelte Land unter den *Small Island Developing States* im Südpazifik ist, kann darauf geschlossen werden, dass diese Umstände umso mehr für all die anderen kleinen Entwicklungsländer dort zutreffen. Sie heißen Samoa, Tonga, Vanuatu, Salomonen, Nauru, Niue, Marshallinseln, Cookinseln, Kiribati und Tuvalu. Die französischen Überseegebiete Neukaledonien und Tahiti dagegen sind auch in dieser Hinsicht besser aufgestellt.

Die Situation dieser weit hingestreuten Inselstaaten ist besonders verzwickt. Der Pazifische Ozean umfasst ein Drittel der Erde, so viel wie der Indische, der Atlantische und der Arktische Ozean zusammen. Überhaupt ist der Pazifik die größte geografische Einheit des ganzen Planeten. Er hat ein Ausmaß, das die Vorstellungskraft von Europäern normalerweise sprengt. Allein die oben genannten zehn Länder im Südpazifik sind über eine Fläche verteilt, die der dreifachen Fläche Europas entspricht. Ihre Landfläche hingegen beträgt weniger als ein Prozent unseres Kontinents.

Die große geografische Streuung erschwert auch eine enge Zusammenarbeit zwischen den Ländern und Territorien der pazifischen Inseln. Die Verinselung der Landmasse schlägt sich in einer außergewöhnlichen kulturellen und sprachlichen Vielfalt nieder. Allein im Land Vanuatu werden 108 Sprachen gesprochen, das sind mehr pro Flächeneinheit als in jedem anderen Land der Erde. Etliche dieser Sprachen werden nur noch von wenigen Hundert Menschen beherrscht, wodurch auch der Fortbestand des uralten traditionellen Wissens über den Umgang mit Land und Natur in Gefahr gerät.

Die enormen Distanzen schon innerhalb ein und derselben Nation machen viele Inseln so isoliert, dass allein der Transport von Fachkräften samt Ausrüstung zu einem Einsatzort enorme Kosten erzeugt. Technische Probleme können nicht behoben werden, da geschultes Personal im Umkreis von Tausenden von Kilometern nicht zu finden ist. Diese Situation erschwert nicht nur das aktive Eingreifen des Naturschutzes vor Ort, sondern führt auch zu einer starken Ungleichverteilung der über die Inselnaturen vorliegenden Informationen. Dazu kommt, dass sich ein Großteil des Landes in indigenem Besitz befindet. In Fidschi zum Beispiel sind mehr als 87 Prozent des Landes und 90 Prozent des Waldes Eigentum der Dörfer (*iTaukei*). Die Tradition verlangt die zeremonielle, durchaus aufwendige Aufnahme eines Besuchers in die Dorfgemeinschaft, was die Zugänglichkeit des jeweiligen Territoriums für wissenschaftliche Untersuchungen oder naturschutzfachliche Maßnahmen zusätzlich erschweren kann.[197]

So sind die Wälder mancher höheren Inseln noch immer praktisch nicht untersucht. Selbst für relativ große Inseln gibt es keinerlei Belege, dass sie jemals von einem Wissenschaftler betreten wurden, geschweige denn schriftliche Zeugnisse eingehender Arbeiten im Gelände oder gar wissenschaftliche Veröffentlichungen darüber. Wo aber keine oder nur spärliche Informationen über heimische Lebensgemeinschaften vorliegen, kann auch deren Gefährdung nicht beurteilt werden, selbst wenn eine invasive Art oder eine andere Bedrohung eindeutig identifiziert ist. Meistens aber ist es noch schlimmer: Es gibt weder ausreichende Informationen über invasive noch über einheimische Arten. Zusammenfassend lässt sich also sagen, dass das Management invasiver Arten in den Inselstaaten des Südpazifik durch deren geografische und institutionelle Rahmenbedingungen stark behindert wird.

Es mangelt an geschultem Personal, Einrichtungen zur Risikobewertung, angemessenen Quarantänemaßnahmen, notwendiger Finanzierung und politischem Willen. Es fehlt also nahezu an allem. Bestehende Gesetze und Richtlinien sind oft windelweich und berücksichtigen die Auswirkungen invasiver gebietsfremder Arten auf die Biodiversität nicht in angemessenem Umfang. Darüber hinaus werden Gesetze und Richtlinien unzureichend umgesetzt, überwacht und durchgesetzt. Auch wenn zuständige Behörden verpflichtet sind, eine Risikobewertung importierter Artikel und Produkte vorzunehmen, ist die Durchführung oft schwierig, da die zuständigen Regierungsstellen unterbesetzt und unterfinanziert sind und sich eher auf die Nutzung natürlicher Ressourcen als auf deren Schutz konzentrieren.

Folgerichtig gibt es in Fidschi noch kein ratifiziertes Vertragswerk zur Bekämpfung invasiver gebietsfremder Arten, um die Verpflichtungen des Landes gemäß der Biodiversitätskonvention zu erfüllen. Fidschis Verordnungen zur Waldbewirtschaftung enthalten weder eine Verpflichtung noch einen Plan für das Management invasiver Arten. Ein Überblick über die wichtigsten invasiven Arten im Land zeigt eine von Wirbeltieren, Schadinsekten und Tierkrankheiten beherrschte Liste mit nur zwei invasiven Pflanzenarten. Eindeutig invasive gebietsfremde Pflanzen und insbesondere die Elfenbein-Rohrpalme werden nicht prioritär behandelt, obwohl nationale und lokale Behörden schon vor Jahrzehnten auf diese Bedrohung aufmerksam gemacht wurden.

In den letzten Jahren wurde der Schwerpunkt auf den Aufbau von Kapazitäten und eine bessere Kontrolle der Einfuhr gebietsfremder Arten an den Grenzen des Landes gelegt, was ohne zusätzliche personelle und finanzielle Ressourcen eine schwierige Aufgabe bleibt. So ist seit 2008 die *Biosecurity Agency* Fidschis die Einrichtung, die exotische Pflanzen, Tiere und Krankheiten abfangen soll, die als potenziell gefährlich für Land-, Forst- und Viehwirtschaft eingestuft werden. Ihre Schlagkraft ist aus den genannten Gründen eher dürftig.

Obwohl die Mehrheit der Inselstaaten über nationale Richtlinien zu invasiven Arten verfügt, haben nur neun diesbezügliche Gesetze verabschiedet. Es fehlt auch nicht an internationalen Initiativen und Vorgaben. *The Secretariat of the Pacific Regional Environment Programme* (SPREP), das Sekretariat der Pazifikgemeinschaft (SPC), die *Pacific Invasive Initiative* (PII) und das *Pacific Invasive Learning Network* (PILN) sind dabei die wichtigsten regionalen Institutionen, die sich mit dem Problemfeld Biologische Invasionen befassen. Eine Reihe regionaler Leitlinien für das Management invasiver Arten im Pazifik wurde 2009 von den 26 Mitgliedsländern und Territorien von SPREP gebilligt. Zu ihren Zielen gehören die Bewusstseinsbildung der Allgemeinheit sowie die Förderung von Informationsaustausch, Infrastruktur, Gesetzgebung, Finanzmitteln und institutioneller Vernetzung, die für den Schutz der Ökosysteme im Südpazifik vor invasiven gebietsfremden Arten erforderlich sind.

Inmitten einer Vielzahl von Rahmenabkommen, Vereinbarungen, Netzwerken, Finanzierungsmechanismen und Datenbanken hat die Region inzwischen eine Reihe regionaler Projekte umgesetzt. Ein Beispiel ist die 2016 ins Leben gerufene Pazifische *Invasive Species Guidelines Reporting Database*, die nationale, territoriale und regionale Informationen zum Beispiel über Forschungsergebnisse zu invasiven Arten und erfolgreiche Bekämpfungsmaßnahmen bereitstellt.

Eine Bekämpfung der Elfenbein-Rohrpalme findet aber noch immer nicht statt.

Das große Vergessen

Forschen im Selfie-Zeitalter

Als ich im Sommer 2002 damit begann, in den Bergregenwäldern der Insel Hawaii 26 verschollene, Jahrzehnte zuvor angelegte Untersuchungsflächen von 20 mal 20 Meter Größe in einem unzugänglichen, etwa 1000 Quadratkilometer umfassenden Regenwaldgürtel wieder ausfindig zu machen, verfügte ich über die dafür notwendige Schlüsselressource: Zeit.

Zunächst ging es darum, aus der unteren Schublade eines rostigen Blechschranks im fensterlosen Büro eines Kollegen an der University of Hawaii nicht weniger rostige, seit Langem dort ruhende Ringordner herauszufischen. In diesen Ordnern befanden sich Formblätter, auf denen mit Bleistift zahllose, manchmal schwer lesbare Daten eingetragen waren. Diese Daten waren ein vergrabener Schatz: Würde es gelingen, sie sauber zu entziffern und die zugehörigen Untersuchungsflächen im Regenwald wiederzufinden, könnte damit eine der langfristigsten Regenwaldstudien der Welt aufgesetzt werden.

Entzifferung und Digitalisierung Hunderter mehrfach durchgeweichter, teils dreckverschmierter Formblätter waren allerdings nur der Anfang einer komplexen Aufgabe. Das Ökosystem samt vieler seiner Pflanzenarten und -gattungen war mir unbekannt. Ich musste mir also Zeit nehmen, mich mit rund 400 Arten vertraut zu machen, jeweils in all ihren Entwicklungsstadien vom Keimling bis hin zur ausgewachsenen Pflanze.

Viele der Untersuchungsflächen lagen tief im Regenwald, und es gab kaum Straßen oder wenigstens Pfade, die dorthin führten. Zum Zeitpunkt der letzten Datenerhebung kannte man noch kein GPS, das heißt, die Flächen mussten nun auf Grundlage von Interviews, Skizzen, Landkarten und durch beharrliches Suchen im Gelände relokalisiert werden.

Und würde das gelingen, müsste ihr ursprüngliches Design rekonstruiert werden: ihre genaue Abgrenzung und Ausrichtung, ihre Untergliederung in 16 exakt eingemessene Teilflächen, die Zuordnung jedes einzelnen Baumes zu seiner ein Vierteljahrhundert zuvor vergebenen Nummer. Das alles auf einem nicht ungefährlichen vulkanischen Terrain mit zahlreichen Spalten, tiefen Löchern und manchmal reinen Abgründen, die im dichten Regenwald nicht leicht zu erkennen sind.

So wanderte, kroch und kletterte ich sage und schreibe ein halbes Jahr durch die Wälder und Sümpfe an den Ostflanken von Mauna Loa und Mauna Kea. Sich in tropischer Schwüle oder Dauerregen mit einer Machete und schwerem Rucksack stundenlang durch einen dichten Dschungel zu arbeiten, dabei nie genau zu wissen, ob man das Ziel überhaupt finden kann, und zur Orientierung auf einen analogen Peilkompass angewiesen zu sein, war eine Herausforderung. Manche Tage blieben trotz elender Schinderei ergebnislos.

Doch der Aufwand lohnte sich. Vieles von dem, was ich dabei lernte, stand nicht in Lehrbüchern, Naturführern oder wissenschaftlichen Aufsätzen. Die Ohia-Wälder sahen, weit abseits des gut ausgebauten Highway 11, der jährlich rund eine Million Touristen in die leicht zugänglichen Abschnitte des Hawaii-Volcanoes-Nationalparks brachte, oft völlig anders aus als in den Lehrbüchern beschrieben. Was immer in der Literatur bis dahin auch genannt wurde, entsprach vor allem dem Wald, den man von der Straße zum Eingang des Nationalparks sehen kann. Tief in ihrem Inneren sind die Wälder wesentlich artenreicher und komplexer aufgebaut als nahe am aktiven Vulkansystem, dem Kilauea.

Zum Erfahrungsschatz dieser Zeit gehörte auch, am besten immer eine Dose Hundefutter dabeizuhaben. Wozu das? Die zahlreichen einheimischen Wildschweinjäger ziehen mit Meuten gut abgerichteter Jagdhunde in die Wälder. Im Eifer der Jagd und dem verwirrenden, Licht und Geräusche absorbierenden Dickicht des Unterwuchses gehen die Tiere leicht verloren und finden trotz ihrer scharfen Sinne weder zu ihrer Meute zurück noch aus dem Wald wieder hinaus. Ihren Besitzern bleibt nur, den Verlust der wertvollen Tiere durch Suchmeldungen an den bevorzugten Sammelpunkten anzuzeigen. Mancher Baumstamm am Waldeingang ist mit illustrierten Suchanzeigen übersät.

In den Wäldern der hochozeanischen Insel Hawaii gibt es für Hunde kaum etwas zu fressen. So ist die Begegnung mit halb verhungerten, gleichzeitig erstklassig trainierten Jagdhunden tief im Regenwald keine Seltenheit. Manchmal sind die Tiere so schwach, dass sie nicht mehr laufen können. Sie zu tragen ist in tropischer Hitze keine Option, man hat ja gegen Ende eines Arbeitstages schon Mühe, sich selbst aus dem Wald zu schleppen. Sie verenden zu lassen sowieso nicht. Die Dose Hundefutter löst das Problem vor Ort. Schon kurze Zeit nach dem Mahl ist der Hund wieder einsatzbereit und folgt dem Retter freudig auf den eigenen vier Beinen aus dem Wald.

Tatsächlich gelang es mir in jenen Monaten, 25 der 26 Flächen wiederzuentdecken. Und während ich dort oft auf allen vieren herumkroch, um die von den Bäumen irgendwann abgerosteten, stark verwitterten Markierungen zu finden oder die längst in der Waldstreu untergegangenen Begrenzungspfosten der Teilflächen, lernte ich viel über die Pflanzen und konnte Hypothesen darüber entwickeln, wie sie sich verhielten, auch untereinander. Manchmal musste ich zur besseren Übersicht auf glitschige, üppig bewachsene Baumriesen klettern, was mir zu Einsichten über die auf ihnen wachsenden Farne und Moose verhalf. Und all dies erlaubte mir nicht nur, präzisere Forschungsfragen und neue Hypothesen zur Vegetationsdynamik zu formulieren, sondern insbesondere die Qualität des Forschungsstandes zur Waldentwicklung richtig einzuschätzen, in vielerlei Hinsicht.

Will man einen Wald verstehen, muss man ihn intensiv erleben. Ich hatte noch die *angemessene Zeit* dafür.

Ich bin Hanna

Zwanzig Jahre später ist der wissenschaftliche Nachwuchs in dieser Hinsicht weniger privilegiert. Viele naturbegeisterte junge Menschen werden heute recht unmittelbar in die Mühle des globalisierten, zunehmend neoliberalen Mechanismen gehorchenden Forschungsbetriebes gedrängt. Anstatt sich intensiv auf ein Ökosystem einzulassen und die dafür angemessene Zeit in Anspruch zu nehmen, ist es karrieretechnisch nun klüger, sich am *Rat Race* zu beteiligen.

Dieses *Rattenrennen* ist die effiziente Steigerung des Publikationsausstoßes ohne Wenn und Aber, um die zeitgemäßen *Perfomance Metrics*[198] zu bedienen. Das heißt, so viel wie möglich zu publizieren, anstatt zeitraubende und strapaziöse Datenerhebungen in einem vielleicht schwer zugänglichen Lebensraum durchzuführen. Zumal Daten ja auch in ausreichendem Umfang aus Datenbanken generiert werden können, mehr oder weniger auf Knopfdruck.

So viel wie möglich heißt aber auch *so schnell wie möglich*, und das steht dem Anspruch entgegen, einem Forschungsthema die angemessene Zeit zu widmen, etwa der Komplexität ökologischer Zusammenhänge in einem Wald. Dazu gehört auch die umfassende Recherche bereits existierenden Wissens über das jeweilige Ökosystem. Doch die moderne Welt der Wissenschaften ist dem Zwang zur Beschleunigung unterworfen, und das täglich mehr.

Der französische Philosoph Paul Virilio galt als der Theoretiker der *Geschwindigkeit*. Virilio war einer der Ersten, die in der Virtualisierung der Beziehungen von Menschen zu ihresgleichen und zu ihrer Umwelt die große Gefahr einer fundamentalen Spaltung ausmachten, in der die Realität in eine physische und eine digitale Wirklichkeit zerfallen würde. In leichter Abwandlung des Schlusssatzes aus Virilios Buch »Geschwindigkeit und Politik« ließe sich heute sagen, »die Gewalt der Geschwindigkeit ist gleichzeitig zum Ort und zum Gesetz, zum Zweck und zur Bestimmung« der Wissenschaft geworden.[199]

Die negativen Auswirkungen auf die Lebensqualität und Schaffenskraft insbesondere junger Wissenschaftlerinnen und Wissenschaftler sind enorm. Nach meiner Wahrnehmung war die Zahl hochtalentierter und methodisch hervorragend ausgebildeter Nachwuchskräfte in der Ökologie und ihren Nachbarwissenschaften noch nie so groß wie heute. Gleichzeitig sind die Karriereaussichten eher düster – während sehr viele unter dem herrschenden Leistungsdruck Außergewöhnliches leisten, werden doch die meisten für lange Jahre nur mit begrenzten Zeitverträgen angestellt und in eine Sackgasse geführt, in der sie ausgebrannt zurückbleiben. Natürlich gibt es auch nach dem Erwerb des Doktortitels Beschäftigungsmöglichkeiten, aber die Fortführung der Karriere jenseits dieser Marke ist mit der hohen Wahrscheinlichkeit behaftet, irgendwann gegen Ende des vierten Lebensjahrzehnts aussortiert zu werden. Nur die wenigsten kommen durch den Flaschenhals an das ersehnte Ziel einer Professur oder wenigstens einer Dauerstelle im akademischen Mittelbau. Für alle Übrigen ist der Weg zu Ende, trotz der vielen durchgearbeiteten Nächte und Wochenenden und beachtlicher wissenschaftlicher Leistungen.

Ein System, das den eigenen, viele Jahre aufwendig ausgebildeten Nachwuchs verheizt und dabei sein kreatives Potenzial verschleudert – was soll das?

Ich habe eine hochbegabte junge Wissenschaftlerin, Muslimin, Ehefrau und Mutter aus einem – gemessen an westlichen Standards – unterprivilegierten Land in den vergangenen Jahren als Mentor begleitet und sie gebeten, für dieses Buch ihre Erfahrung als Postdoktorandin im zeittypischen Forschungs- und Lehrbetrieb an einer führenden mitteleuropäischen Universität zusammenzufassen. Sie schreibt:

»Nach meinem Universitätsabschluss tauchte ich ohne Zögern in die Welt der Forschung ein, von der ich immer geträumt hatte. Doch während der Arbeitslosigkeit nach meiner Promotion in meinem Land habe ich gelernt, dass es nicht ausreicht, das Beste zu geben, um einen Job zu bekommen, und dass persönliche Beziehungen und viel Glück sehr wichtig sind.

Die moderne akademische Welt, die ich später sah, war von der Welt meiner Träume, der Welt der verrückten Wissenschaftler und ihrer Entdeckungen, weit entfernt. Ich befand mich in einem Rennen, das multifunktionale Arbeit erfordert und von einem extrem harten Wettbewerb geprägt ist. Dort hat Quantität oft Vorrang vor Qualität, und die

To-Do-Liste ist ziemlich lang. Sie reicht von Öffentlichkeitsarbeit über Lehre bis hin zur Weiterentwicklung statistischer Methoden.

Ich hatte mich für einen Postdoc-Aufenthalt[200] im Ausland entschieden, um meine Fähigkeiten weiterzuentwickeln. Die Anpassung an Forschungstraditionen in einem anderen Land und an ein neues Projekt war stressig und zeitaufwendig. Um die wissenschaftliche Fremdsprache Englisch richtig anzuwenden, musste ich jeden Tag einige Stunden mehr arbeiten als jeder andere. Der ständige Druck von Projektleitern, so viele wissenschaftliche Publikationen so schnell wie möglich zu schreiben, erzeugt das Gefühl, dass wir niemals schnell genug sind – und letztlich das Hochstapler-Syndrom.[201]

Die Eingewöhnung mit meiner Familie war aufgrund von Sprachbarrieren im täglichen Leben und Papierkram sowie mangelnder Hilfe ziemlich schwierig. Über meine Universität kann ich sagen, dass ich oft diskriminiert worden bin, aber ich kann es nicht beweisen – *so funktioniert es eben.*

Ich hatte keine Gelegenheit zum Stressabbau, keine Freunde da draußen und kein soziales Leben in der Gruppe, um keine Zeit zu verschwenden, die für Arbeit nutzbar wäre. Von der Universität organisierte gesellschaftliche Veranstaltungen waren nicht familienfreundlich, obwohl man das glaubte. Später verursachte der andauernde Stress gesundheitliche Probleme, und es wurde Zeit für eine Notbremse. Nach einigen Jahren Erfahrung in diesem Rahmen entschied ich mich, ein friedliches Umfeld für *Slow Science* zu finden: meine eigene Forschung mit meinen eigenen Mitteln. Weil klein schön ist.«

Ich halte die Erfahrungen dieser jungen Frau für exemplarisch. Die Folgen des manchmal gnadenlosen Konkurrenzkampfes für den wissenschaftlichen Nachwuchs und letztlich für die Forschungslandschaft insgesamt kamen im Frühsommer 2021 explosionsartig ans Licht, als sich die aufgestaute Frustration unter dem Hashtag *#ichbinHanna* auf Twitter entlud. Innerhalb weniger Wochen rauschten über 80 000 Tweets durch den Äther, in denen zahllose Nachwuchskräfte erschütternde Einblicke in ihre schwierigen Dienstverhältnisse und deren Auswirkungen auf ihre allgemeine Lebenslage gaben. Anlass der Welle war ein Animationsvideo des Bundesministeriums für Bildung und

Forschung (BMBF), in welchem das Wissenschaftszeitvertragsgesetz[202] am Beispiel der fiktiven Biologin »Hanna« erklärt wurde. Darin wurden unter anderem schnelle Personalwechsel als wirtschaftlich vorteilhaft dargestellt, da sie angeblich Innovationen fördern. Befristungen seien nötig, um neue Kräfte nachrücken zu lassen, damit »nicht eine Generation alle Stellen verstopft«.[203] Diese Formulierung erinnert mich an Töne aus dem gleichen Ministerium, die zur Zeit der Vorbereitung dieses Gesetzes in den 2000er Jahren zu hören waren. Demnach sollte eine Generation – meine –, die damals angeblich die Hochschulen verstopfte, »verschrottet« werden.[204] Diese Attitüde scheint sich in der Institution festgesetzt zu haben.

Während unter #ichbinHanna zunächst überwiegend in Deutschland Beschäftigte reagierten – an deutschen Universitäten ist der Anteil befristet und prekär beschäftigter Nachwuchskräfte auch im internationalen Vergleich besonders hoch –, kamen bald immer mehr Reaktionen aus vielen Ländern dazu, in denen sich die auch geografisch weitreichende Bedeutung der Problematik widerspiegelt.

Ein Tweet ist mir besonders aufgefallen. Dr. Eve Hayes de Kalaf von der University of Liverpool schrieb:

Ich mache das nicht gerne (öffentlich, Anm. d. Verf.),
aber im vergangenen Jahr habe ich:
- *2 Buchkapitel, 1 Zeitschriftartikel & ein Buch veröffentlicht,*
  das von einem Pulitzer-Preisträger empfohlen wird,
- *2 Stipendien eingeworben,*
- *3 Konferenzen organisiert,*
- *wurde in 2 Gremien gewählt,*
- *bekam ein Baby,*
- *wurde entlassen.*

BIN AKTIV AUF JOBSUCHE.[205]

Das Video mit Hanna ist übrigens auf der Webseite des BMBF nicht mehr abrufbar.[206]

Die Alzheimerisierung der Wissenschaft

Trotz globaler Vernetzung und permanenten Wachstums ökologischer Forschung – mehr Geld, mehr Personal, bessere Technik, mehr spezialisierte Forschungseinrichtungen und, natürlich, viel mehr Publikationen – scheint die Zahl der Innovationen zurückzugehen und das Wissen vieler Akteure über komplexe Zusammenhänge zu schwinden. Wie ist das möglich?

Ich will hier versuchen, einige der diesem Paradox zu Grunde liegenden Mechanismen aufzuzeigen. Vor etwa zehn Jahren saß ich in meinem Büro und überflog den Inhalt der aktuellen Ausgabe einer englischsprachigen Fachzeitschrift. Es handelte sich um ein Themenheft, in dem Aufsätze zu einem altehrwürdigen, in Europa jahrzehntelang abgegrasten Forschungsthema publiziert wurden. Im Vorwort des Heftes hoben die Herausgeber zu meiner Überraschung enthusiastisch hervor, dass die Beiträge ein völlig neues, zukunftsweisendes, interdisziplinäres Forschungsfeld eröffneten. Erstaunt drehte ich mich um und blickte in mein Bücherregal, wo etliche, teilweise bis in die 1930er Jahre zurückreichende Arbeiten – überwiegend Bände aus wissenschaftlichen Buchreihen – aus genau diesem Forschungsfeld standen.[207]

Solche oder ähnliche Erlebnisse wiederholten sich. Vor ein paar Jahren wurde ich beratend zu einer globalen Studie hinzugezogen, in der ein im Alpenraum hochrelevantes, dort entwickeltes und seit vielen Jahrzehnten intensiv bearbeitetes Thema der Waldforschung behandelt wurde. Allerdings wurden diese fundamentalen Beiträge im Entwurf der Studie überhaupt nicht erwähnt. Auf Nachfrage stellte sich heraus, dass das überwiegend junge Forscherteam gar nicht auf die Idee gekommen war, im deutschen (und italienischen, französischen etc.) Sprachraum könne etwas Relevantes zum Thema erarbeitet worden sein – obwohl die Bearbeiterinnen und Bearbeiter der Studie teilweise deutsche, italienische, französische Muttersprachler waren.[208]

Wie konnte das passieren? Es stellte sich heraus, dass die Suchbegriffe, mit denen die Standard-Literaturdatenbank *Scopus* durchforscht worden war, allesamt englisch waren, basierend auf der inzwischen verbreiteten Vorannahme, nur englischsprachige Publikationen seien wissenschaftlich seriös. Und damit fiel alles, was jemals auf Deutsch oder in anderen europäischen Sprachen auch in angesehenen Zeitschriften zum Thema veröffentlicht worden war (und zum Teil auch in *Scopus* abrufbar ist), durch das Wahrnehmungsraster.

Ich schätze, dass heute nicht mehr als 20 Prozent des über die Ökosysteme der Welt vorhandenen, von mehreren Expertengenerationen allein im 20. Jahrhundert erarbeiteten Wissens in den maßgeblichen Datenbanken *Web of Science* und *Scopus* verzeichnet ist. Während dieses Wissen zum Verständnis natürlicher Vorgänge und insbesondere zur präzisen und langfristigen Einordnung von Naturphänomenen unerlässlich ist, werden gleichzeitig immense Summen an Forschungsgeldern investiert, um dieses Wissen neu zu erarbeiten, kurz – das Rad neu zu erfinden.

In Zeiten einer sich laufend diversifizierenden wissenschaftlichen Publikationskultur und Medienwelt entstehen wohl schon notwendigerweise immer mehr Paralleluniversen des Denkens, die sich gegenseitig gar nicht mehr wahrnehmen müssen, angesichts ihrer Fülle vielleicht auch gar nicht mehr wahrnehmen können. Zumal neben nachvollziehbare Sprachbarrieren längst Formatbarrieren getreten sind – was nicht unmittelbar zum Download bereitsteht, ist und wird ausgeblendet.[209]

Die Verwendung neuer Schlagworte und die Konzentration auf *eine* Sprache – das Englische – koppelt bei allen Vorteilen gleichzeitig auch bestehendes und gewachsenes Wissen ab, da es in den Suchmaschinen unsichtbar bleibt oder von vornherein für irrelevant gehalten wird, nur weil es in einer anderen Sprache vorliegt. Oder – wie erwähnt – im falschen Format: Noch im ausgehenden 20. Jahrhundert wurden Forschungsergebnisse als Einzelbände in wissenschaftlichen Reihen oder als Aufsatzsammlung in Buchform publiziert. Nicht viel davon ist heute in irgendeiner Form online gut sichtbar oder gar abrufbar.

Bis vor wenigen Jahrzehnten galt der Grundsatz, dass neues Wissen stets auf bestehendem Wissen aufbaut.[210] Die von Bernhard von Chartres schon im frühen 12. Jahrhundert verwendete, heute gerne Isaac Newton zugeschriebene Metapher, Gelehrte »seien gleichsam Zwerge, die auf den Schultern von Riesen sitzen, um mehr und Entfernteres als diese sehen zu können«, ist wohl das bekannteste Bild für diese Vorstellung.[211]

Die Berücksichtigung gewachsenen Wissens ist aber keine grundsätzliche Voraussetzung für Forschung mehr. Belesenheit in Hinsicht auf die »Klassiker« eines Faches scheint als essenzielle Voraussetzung für den Erfolg einer wissenschaftlichen Karriere ausgedient zu haben. Manche Präsenzbestände in Universitätsbibliotheken sind daher eher so etwas wie Friedhöfe des Wissens geworden. In einer ultra-komplexen Disziplin wie der Ökologie ist das verheerend. Für die angemessene Bearbeitung vieler Fragestellungen ist enormes Fach- und Erfahrungswissen nötig, unter anderem, wenn es um die Auswirkungen der anhaltenden Erwärmung der Erdatmosphäre auf Ökosysteme geht.[212] Der renommierte kanadische Geobotaniker Paul Keddy erkannte diese neue Form des Vergessens schon Mitte der 2000er Jahre und bezeichnete sie als »Alzheimerisierung der Wissenschaften«.[213] In seinem Aufsatz »Milestones in Ecological Thought« schildert er eine unheimliche Erfahrung bei einem Workshop mit sehr engagierten Nachwuchsforschern seines Faches:

»Ich war irritiert, als mir schien, vielen sei ein wesentlicher Teil der Fachliteratur des Forschungsfeldes, das sie weiterentwickeln wollten, unbekannt. Um dieser Vermutung nachzugehen, ließ ich aus purer Neugier ein paar bekannte Namen großer Gelehrter fallen (…) und fand heraus, dass manchmal sogar ihre Namen – ganz zu schweigen von ihren Aufsätzen und Büchern – unbekannt waren!«

Weiter schrieb er:

»Ich kann mich des besorgniserregenden Eindrucks nicht erwehren, dass die Grundlagen der Pflanzenökologie zunehmend geringgeschätzt oder ignoriert werden. (…) Dieses Problem ist nicht auf die Pflanzenökologie beschränkt. Wir scheinen etwas zu beobachten, das wir als die Alzheimerisierung der Ökologie im Besonderen, die der Wissenschaft im Allgemeinen und der menschlichen Gesellschaft insgesamt bezeichnen könnten. Obwohl ich eigentlich keinen neuen Begriff einführen möchte, finde ich einfach keinen gebräuchlichen Ausdruck, der den langsamen, fortschreitenden und lähmenden Verlust von Erinnerung, von Bedeutung und historischem Kontext beschreibt.«[214]

Der belesene Praktiker Keddy bringt dieses Phänomen auch in seiner Kritik eines 2004 erschienenen Fachbuches zur Sprache und folgendermaßen auf den Punkt: »Ich verstehe wirklich nicht, warum jemand über empirische Modelle schreibt und dabei das gesamte Fachgebiet ignoriert. (…) Natürlich haben wir alle gelegentlich in unseren Publikationen wichtige Quellen übersehen, und bei der wachsenden Zahl von Zeitschriften werden sich solche Fehler wahrscheinlich wiederholen. Die Herausforderung für junge Wissenschaftler muss gewaltig sein. Das ist aber mit Sicherheit keine Entschuldigung dafür, das Fach einfach zu ignorieren und im Vorbeigehen frei neu zu erfinden.«[215]

Keddy argumentiert, dass solche neuen und oberflächlichen Veröffentlichungen nicht nur viele Jahrzehnte Forschungsgeschichte und -ergebnisse auslöschten, sondern Studierende damit »bestenfalls« in die Irre führten. »Wir können uns wohl nicht vorstellen, wie schnell die Arbeit von Generationen verloren gehen kann. Daher ist die erfolgreiche Wissensvermittlung an künftige Generationen in Botanik und Pflanzenökologie (wie in jedem anderen Berufsfeld auch) von grundlegender Bedeutung und erfordert unbedingt eine Haltung des Respekts vor bestehendem Wissen – und für die Menschen, die es erarbeitet haben.«

Das Erscheinen dieses von Keddy so arg verrissenen Buches war vielleicht schon damals kein Zufall mehr. Denn auch jenseits reiner Ahnungslosigkeit spricht bei der Karriereplanung längst vieles dafür, die Geschichte eines Forschungsthemas oder gar des ganzen Faches wegzulassen. Ein sehr ehrgeiziger Nachwuchswissenschaftler würde Keddy heute vielleicht kaltschnäuzig antworten: »Ich verstehe wirklich nicht, wozu ich mich mit meinem Fach vertraut machen sollte, wenn ich es im Vorbeigehen neu erfinden kann und dafür umso häufiger zitiert werde.« Es ist in manchen Disziplinen möglich und verlockend, in wenigen Jahren durch die Bedienung virtueller Werkzeuge selbst ein »Riese« zu werden. Man schraubt sich zum Beispiel in selbst erzeugten Echokammern in die Höhe, in denen man alte Themen durch neue Schlagworte besetzt und abgrenzt. Eine Auseinandersetzung mit Wissen, das längst etabliert und gültig ist – möglicherweise seit Jahrhunderten –, ist dafür nicht nötig.

Keddy erklärt sich das so: »Die Einstellung hierzu scheint zu sein, dass alles, was vor mehr als zehn Jahren veröffentlicht wurde, irrelevant ist, und Aktualität das Hauptkriterium für die Beurteilung der Bedeutung. Natürlich – je mehr man die Vergangenheit ignoriert, desto mehr berauscht man sich an kurzlebigen Neuerungen. Das könnte die häufigen Ankündigungen neuer Paradigmen in der Ökologie erklären. Vertrautheit mit der wissenschaftlichen Literatur hingegen ist wahrscheinlich förderlich für einen höheren Grad an Bescheidenheit. Die Eile, etwas in Druck zu geben, verursacht nicht nur Gleichgültigkeit gegenüber den Werken anderer Gelehrter, sondern erzeugt auch ein psychologisches Momentum, das sich selbst verstärkt. Viel zu oft zitieren neue Aufsätze andere neue Aufsätze und ignorieren gleichzeitig alle relevanten Arbeiten aus der Vergangenheit. Aber nur zu gut wissen wir, dass menschliche Gruppendynamik eine Einstellung befördern kann, die den gesunden Menschenverstand ausschaltet.«

Der Kern von Keddys Sorge ist wohl folgender: Die mangelnde Auseinandersetzung mit vergangenen Diskursen, Begrifflichkeiten und geltenden (wissenschaftlichen) Wahrheiten führt dazu, dass gar nicht erkannt werden kann, warum bestimmte Perspektiven, Ansätze und Forschungsergebnisse nicht taugen, um Vorgänge in der Natur zu verstehen.

Es wird ohnehin immer schwieriger, in der Flut von wissenschaftlichen Aufsätzen und immer mehr neuen Zeitschriften überhaupt noch die Übersicht über die Pubikationen eines Fachgebietes zu behalten. So kann heute im Bereich der Umweltforschung wohl kaum noch jemand von sich behaupten, alle für die eigene Forschung relevanten Neuerscheinungen wirklich zu überblicken, geschweige denn inhaltlich erfassen zu können. Es werden selbst zu Spezialgebieten viel mehr Artikel produziert, als überhaupt gelesen werden können.

Der Geomorphologe Stuart N. Lane schreibt deshalb von »zutiefst verstörenden Beobachtungen« zur Entwicklung seiner Disziplin im 21. Jahrhundert, insbesondere einer *Krise durch übermäßige Produktivität*. Auch Teile der Umweltforschung haben sich zu hochproduktiven *Mainstream-Wissenschaften* entwickelt, die, wie Lane es formuliert, entsprechend den Leistungsmerkmalen der Abrechnungssysteme abliefer, die die neoliberale Universität dominieren.[216] Trotz vieler Klagen hinter vorgehaltener Hand spricht sich kaum jemand offen dafür aus, stattdessen auf weniger, dafür umfassend recherchierte und qualitativ hochwertige Arbeiten zu setzen. In einer zunehmend von *Performance Metrics* getriebenen Berufswelt wäre das unter Umständen existenzgefährdend.

Aus der Überproduktion ergibt sich zudem das Risiko mangelnder Kreativität. Unter wachsendem Leistungsdruck schwindet die Fähigkeit, innovative Forschungsfragen zu entwickeln. So zumindest die Mathematiker-Brüder Donald und Stuart Geman, die feststellen, Anreize für wahrhaft neue Ideen seien verschwunden, da Wissenschaftler inzwischen für häufigeres Publizieren belohnt werden und eher nach *publizierbaren Mindestgrößen*[217] suchen als nach großen Innovationen.

»An führenden Universitäten werden Wissenschaftler angestellt, bezahlt und gefördert auf Grundlage des Grades ihrer Zurschaustellung, normalerweise ausschließlich gemessen an der Länge ihres Lebenslaufes, insbesondere der Anzahl von Publikationen, Konferenzpräsentationen, erfolgreichen Forschungsanträgen etc. Die Reaktion der Wissenschaftlergemeinde auf die veränderten Leistungskriterien ist vollkommen rational: Wir verbringen unsere Zeit überwiegend damit, professionelle Selfies zu machen. Tatsächlich verbringen viele von uns mehr Zeit mit der Ankündigung von Ideen als mit der Ausarbeitung von Ideen. Produktiv sein heißt sichtbar sein, und tiefes Nachdenken ist eben nicht sichtbar.«

So sei die akademische Welt eine *Fabrik kleiner Ideen* geworden. »Wir sind in kleinen Entdeckungen gefangen, von denen die meisten im Grunde Nachweise statistisch signifikanter Muster in großen Datensätzen (›big data‹) sind. Hier gibt es normalerweise keine übergreifende Theorie, die Vorhersagen ermöglicht (…). Das würde zu viel Zeit und Nachdenken erfordern.«[218]

Der gute alte Begriff *Kontemplation* kommt mir in den Sinn – die Betrachtung eines Objektes oder einer zugehörigen Idee, in die man sich für angemessene Zeit vertieft, um über das Objekt Erkenntnis zu gewinnen.

Und nicht, um so oft wie möglich zitiert zu werden.

Potemkinsche Wälder

Die erzwungene Beschleunigung des modernen Forschungsbetriebs befördert die Ausblendung gewachsenen Wissens von grundlegender Bedeutung ebenso wie das Übersehen neuester Erkenntnisse. Die fast noch schwerwiegenderen Probleme sind die *Vereinfachung* komplexer Zusammenhänge und die *Entfremdung* von der physischen Realität.

Die den Wissenschaftlern aufgezwungene Zeitknappheit erhöht den Bedarf nach unmittelbar verfügbaren Daten. Gleichzeitig ist die tatsächliche Verfügbarkeit von Umweltdaten außerhalb der entwickelten Länder begrenzt. Eine wenigstens ungefähre geografische Gleichverteilung der Daten ist aber zur präziseren Einschätzung und Vorhersage bedeutender Prozesse im globalen Wandel notwendig.

Als ich vor ein paar Jahren bei einem internationalen Meeting den Vorschlag machte, auch auf der Südhalbkugel ein Netz von Dauerbeobachtungsflächen zur Waldentwicklung im Klimawandel einzurichten, um nicht permanent die Trends in den rasant wachsenden Datensätzen aus leicht beforschbaren Weltgegenden zu reproduzieren – etwa den westlichen Ländern der Nordhemisphäre –, gab es einen Aufschrei. Bis ein solches Netzwerk von Forschungsstationen unter den schwierigen Bedingungen in unterentwickelten Ländern mit ihren unterprivilegierten Universitäten und Forschungseinrichtungen verwertbare Daten liefern könnte, würden Jahre vergehen. Keine attraktive Perspektive für die im *Rat Race* operierende, zum schnellstmöglichen Publikationsausstoß genötigte Forschergemeinde. Der Gedanke wurde – erwartbar – nach kurzer Diskussion verworfen.

Durch die Konzentration der Forschung auf eher schnell verfügbare beziehungsweise leicht erhebbare Daten erwächst die Gefahr der Ausblendung komplizierter Wirkungsgefüge, die das Verhalten von Organismen und Ökosystemen steuern. Inzwischen entsteht der Eindruck, dass zwar immer mehr über Ökosysteme geforscht wird, gleichzeitig aber immer weniger *in* Ökosystemen. Dabei kann fehlende Ortskenntnis leicht zu falschen Annahmen über die Eigenschaften eines Ortes führen, auch wenn vermeintlich ausreichende Daten über diesen Ort vorliegen.

Es ist durchaus üblich geworden, Aussagen über den Aufbau und das Verhalten von Wäldern und anderen Ökosystemen auf Grundlage von Ferndiagnosen zu treffen. Globale Analysen von Wäldern basieren auf satellitengestützter Fernerkundung. Schon seit 1982 zeichnen Landsat-Satelliten aus rund 700 bis 900 Kilometer Höhe Rasterdaten für Quadranten von 30 mal 30 Meter auf, alle 16 Tage für einen bestimmten Quadranten. Gegenstand der auf solchen Daten beruhenden Arbeiten sind Flächenbilanzen, also Zustand und Veränderungen der Landoberfläche, etwa durch Rodungen oder nach Naturkatastrophen. Wie viel Wald eines bestimmten Typs gibt es? Wie dicht sind die Bestände? Was ist durch Dürren, Feuer oder Stürme verloren gegangen?

Entsprechende Analysen werden nicht selten von Wissenschaftlern vorgenommen, denen eine lebenswirkliche Verankerung wie Artenkenntnis oder Ortskenntnis, zum Beispiel auch die Kenntnis lokaler Nutzungs- und Bewirtschaftungstraditionen, fehlt. Das mag merkwürdig erscheinen, ist aber bei überregionalen und globalen Analysen wohl unvermeidlich. So ist dagegen bei ausreichender wissenschaftlicher Sorgfalt auch nichts einzuwenden.

Aus dem Zwang zur Beschleunigung ergibt sich aber der Zwang zur Vereinfachung. Die Tendenz ständiger Maximierung von Publikationsausstoß und Forschungsmitteln hat – wie oben erläutert – im Bereich der Ökologie zur Folge, dass die zeitraubende und logistisch aufwendige Arbeit am und im Ökosystem sowie eine umfassende Recherche vorhandenen Wissens zum jeweiligen Ökosystem leicht auf ein Mindestmaß reduziert werden oder ganz entfallen.

Was passiert nun, wenn – vielleicht unter Zeitdruck – wenig durchdachte Annahmen abgeleitet werden, die auf Grundlage großer Datensätze überzeugend bestätigt werden können? Der Wissenschaftstheoretiker Gerhard Hard präsentierte hierzu schon in den 1980er Jahren ein fiktives, aber provokantes Beispiel. In diesem liefert die Populationsdichte von Störchen in 21 zufällig ausgewählten Landkreisen die Erklärung für einen hohen Teil der Varianz bei der Geburtenrate von Kindern.[219]

Natürlich ist das absurd.

Was aber, wenn wir die Zusammenhänge nicht so genau einschätzen können wie in diesem Beispiel und uns statistisch abgesicherte Ergebnisse auf unerkannt absurder Grundlage serviert werden?

Wer niemals in dem Wald war, über den er forscht, läuft Gefahr, zu Fehlschlüssen über Bestand und Entwicklung dieses Waldes zu kommen. Diese Entfremdung des Naturforschenden von der Felderfahrung kann gefährlich werden – unmittelbar für die betreffenden Ökosysteme und die sie aufbauenden Organismen, letztlich aber für uns alle.

Dies rückte 2017 recht drastisch ins Bewusstsein der internationalen Forschergemeinde. Eine auf Satellitenbildern mit sehr hoher räumlicher Auflösung basierende globale Studie bezifferte den Waldbestand in den Trockenlebensräumen der Welt auf 1079 Millionen Hektar, deutlich mehr als bis dahin angenommen. Wald wurde dabei definiert als Gebiet »mit einer Fläche von mehr als 0,5 Hektar und einem Baumbestand von mehr als 10 Prozent, das nicht überwiegend landwirtschaftlich oder städtisch genutzt wird.« Die Arbeit erschien in einer der weltweit führenden wissenschaftlichen Zeitschriften.[220]

Umfang und räumliche Auflösung der Daten waren zwar beeindruckend, doch rieben sich die mit den Landschaften vor Ort vertrauten Experten verwundert die Augen. Denn ein nicht geringer Anteil der ausgewiesenen Trockenwälder existierte in Wirklichkeit gar nicht. Tatsächlich handelte es sich um Savannen. Savannen sind im Gegensatz zu Wäldern nur schütter mit Bäumen bestandene Ökosysteme mit ausgeprägten Grasfluren, die unter anderem in Afrika den Lebensraum von Zebras, Gnus, Antilopen und Elefanten stellen. Sie gedeihen auch in Asien, Südamerika und Australien zwar unter ähnlichen klimatischen Bedingungen wie tropische und subtropische Trockenwälder, sind aber an andere Lebensbedingungen angepasst, etwa an Beweidung und häufig auftretende Brände. Entsprechend zeichnet sich ihre Vegetation vor allem durch lichtbedürftige und an Feuer angepasste Gräser aus.

Dieser Fehlgriff blieb kein Einzelfall.

2019 erschien ein Artikel in der führenden Fachzeitschrift »Science« mit dem Titel »The global tree restoration potential«.[221] Nach den hier veröffentlichten Ergebnissen seien in globalen Flächenbilanzen bis dato

fast eine Milliarde Hektar übersehen worden, die sich für Aufforstungs-
programme zur Pufferung des Klimawandels eigneten. Somit gäbe es
also ein enormes Potenzial für die Schaffung zusätzlicher Waldflächen.
Man errechnete, dass hier nicht weniger als 205 Gigatonnen Kohlenstoff gebunden werden könnten. Das war für viele eine überraschende
und sehr gute Nachricht, die sich rasch über die Medien verbreitete. Mit
der Veröffentlichung in »Science« trug die Studie ein Gütesiegel aller-
höchster Kategorie. Es gab also für Außenstehende keinen unmittelbaren Grund, ihre Gültigkeit in Frage zu stellen.

Und doch entfachte sie in kürzester Zeit einen Shitstorm mit scharfen Entgegnungen zahlreicher Wissenschaftlerinnen und Wissenschaftler.

Was regte die Forschergemeinde so auf?

Nun – die Autorinnen und Autoren der bahnbrechend optimistischen Studie hatten in ihrer auf maschinelles Lernen gestützten Modellierung Größen von zentraler Bedeutung nicht berücksichtigt.

Sie kamen zu dem Schluss, Aufforstung und Wiederbewaldung seien
der effektivste Lösungsansatz zur Bewältigung des Klimawandels, mehr
noch als die Reduzierung von Treibhausgas-Emissionen. Sie schlugen
Savannen und andere natürliche Lebensräume als künftige Waldflächen vor, was aber zum Verlust vieler dort heimischer Tier- und Pflanzenarten führen würde, ganz abgesehen davon, dass diese und andere
Nicht-Waldökosysteme bereits große Mengen an Kohlenstoff binden,
insbesondere in ihren Böden.

Zugleich errechneten sie, der Klimawandel habe den Verlust von 450
Millionen Hektar tropischer Wälder bis zum Jahr 2050 zur Folge, was
auf dem Fehlschluss beruhte, diese Wälder würden einfach verschwinden und nicht – was diesbezügliche Forschung nahelegt – ihr Wachstum und ihre Struktur an das veränderte Klima anpassen. Die Autoren
übersahen diverse weitere Aspekte der Dynamik von Ökosystemen und
erarbeiteten all das unter Nichtberücksichtigung zentraler Eigenschaften des globalen Kohlenstoffkreislaufs sowie umfassender, durch angemessene Recherche durchaus verfügbarer, hochrelevanter Forschung

aus den 1980er und 1990er Jahren. Alles in allem war die Angabe »205 Gigatonnen« wohl um das Fünffache zu hoch angesetzt.[222]

Man kann den Urhebern der Studie nicht vorwerfen, sie hätten methodisch unsauber gearbeitet, denn aus der Logik ihres technischen Ansatzes haben sie konsequent gehandelt. Sie haben lediglich Aspekte jenseits der von ihrer Methodik abgedeckten Wirklichkeit übersehen. Man kann ihnen auch nicht vorwerfen, dass sie nicht alle Wälder, Savannen und sonstigen Ökosysteme, die in irgendeiner Weise von der Untersuchung berührt wurden, persönlich aufgesucht haben. Mit diesem *Ground truthing*[223] allein wären sie viele Jahre beschäftigt gewesen. Und doch ist eine solche Rückversicherung in der realen Welt von zentraler Bedeutung, und zwar in dreifacher Hinsicht: im Hinblick auf die real existierenden Ökosysteme, die mit ihnen befassten Fachleute und insbesondere die vor Ort lebenden Menschen, die ja eigene Vorstellungen von der Nutzung ihrer Heimat haben.

Dieses Beispiel hat aber auch eine beruhigende Note. Die Wissenschaftsgemeinde hat seriös auf den Fehlgriff reagiert, indem sie die Studie öffentlich hinterfragte und durch publizierte Entgegnungen auf die Schwachstellen hinwies. Auch das kritisierte Autorenkollektiv selbst reagierte mit entsprechenden Klarstellungen und Korrekturen. Allerdings ist die Reichweite der Originalpublikation wesentlich größer als die der publizierten Entgegnungen und Klarstellungen. Somit bleibt ein Restrisiko, dass die Inhalte des Originals unkritisch übernommen werden, etwa als Argumente für gut gemeinte Aufforstungskampagnen an ungeeigneten Orten.

Es gibt ein berühmtes Zitat des Philosophen Max Horkheimer, das mir diese Situation gut zu beschreiben scheint: »Die Neutralisierung der Vernunft, die sie jeder Beziehung auf einen objektiven Inhalt und der Kraft, diesen zu beurteilen, beraubt und sie zu einem ausführenden Vermögen degradiert, das mehr mit dem Wie als dem Was befasst ist, überführt sie in einen stumpfsinnigen Apparat zum Registrieren von Fakten.«[224] Was Horkheimer damit meint: Es kann leicht passieren, dass die bloße Berechnung von Daten zu Ergebnissen führt, die der »objektiven Vernunft«, etwa der warnenden Stimme praxiserfahrener Fachleute, widersprechen.[225] Und dies wiederum verweist uns zurück auf eine Analyse der Waldsterbensdebatte der 1980er Jahre durch die Soziologin Kerstin Dressel. Sie kam zu dem Schluss, die Forstwissenschaften wären gut beraten gewesen, lokales Erfahrungswissen von Praktikern, die täglich im Wald arbeiten, stärker zu berücksichtigen.[226]

Vielleicht aber ist auch die mangelnde Qualitätskontrolle, die zur Veröffentlichung der genannten Fehlschlüsse geführt hat, Ausdruck des zunehmend bestimmenden Faktors im akademischen Betrieb: *Zeitnot.* Denn der betrifft ja nicht nur Autorinnen und Autoren einer wissenschaftlichen Studie, sondern ebenso die Gutachterinnen und Gutachter, die die Studie beurteilen sollen. Und natürlich auch die den Begutachtungsprozess steuernden Facheditoren und Herausgeber der Zeitschriften.

Fernerkundung, Modellierung und Untersuchungen in den Wäldern vor Ort müssen sinnvoll miteinander verbunden werden und sich gegenseitig ergänzen, aber auch absichern. Gerade das Arbeiten mit Algorithmen erfordert viel Erfahrung, darauf weist Matt Hansen, einer der führenden Fernerkundungsexperten für die Wälder der Welt regelmäßig in seinen Vorträgen hin.[227] Zudem stößt jede Erfassungsmethode an ihre eigenen Grenzen, etwa im Falle von Wäldern. Während Landsat-Daten bei Baumhöhen über 25 Meter massiv an Präzision verlieren, lassen sich mit LiDAR-Daten[228] keine präzisen Analysen unterhalb von 3 Metern Höhe über dem Boden vornehmen. So läuft man unwissentlich leicht Gefahr, präzise erscheinende Karten mit fragwürdigen Inhalten zu erzeugen. Eine durch Algorithmen erzeugte Landkarte kann sehr leicht inhaltlich schief sein, da die Facetten der Landschaftsentwicklung oft über das einfach Mess- oder Errechenbare hinausgehen. Die notwendige zweite Säule der Arbeit ist deshalb die Einbeziehung von Erfahrungswissen vor Ort. Erst dieser Realitätscheck bringt Genauigkeit und Verlässlichkeit in die Karte.

Die Anerkennung und Wahrnehmung der Komplexität von Mustern und Prozessen auf allen Maßstabsebenen muss unweigerlich die erste Voraussetzung seriöser Umweltforschung sein.[229] Es müssen Arbeitsbedingungen erhalten oder wieder geschaffen werden, die das grundsätzlich ermöglichen.

Daran darf kein Weg vorbeiführen.

Slow Science

Die hier skizzierten Tendenzen des modernen Forschungsbetriebes sind vielen Wissenschaftlerinnen und Wissenschaftlern schon vor einiger Zeit aufgefallen. »Es besteht dringender Bedarf, die Art und Weise zu verbessern, wie die Ergebnisse wissenschaftlicher Forschung von Geldgebern, akademischen Einrichtungen und anderen Beteiligten bewertet werden«, heißt es in DORA, der *San Francisco Declaration on Research Assessment*. Am 16. Dezember 2012 hatte sich eine Gruppe von Redakteuren und Herausgebern wissenschaftlicher Zeitschriften in San Francisco zusammengesetzt, um Möglichkeiten eines Auswegs aus dem übermächtig werdenden Dilemma zu diskutieren.

Ein Kernpunkt des Treffens war die Bedeutung des sogenannten *Journal-Impact*-Faktors.[230] Er wird verwendet, um die Forschungsleistung von Individuen und Institutionen zu bewerten. Dabei war diese vom US-amerikanischen Konzern Clarivate berechnete Größe ursprünglich als Instrument für Bibliothekare entwickelt worden, um Entscheidungen über den Ankauf wissenschaftlicher Fachzeitschriften zu treffen – und nicht als Maß für die Qualität von Forschung. DORA gab deshalb Empfehlungen für Forschungsförderung, Universitäten, Fachzeitschriften und die Wissenschaftsgemeinde insgesamt ab, insbesondere folgende: die Anwendung des *Journal-Impact*-Faktors bei der Finanzierung von Forschung und Stellenbesetzungen zu vermeiden und gleichzeitig die Qualität der Forschung selbst zu bewerten – also nicht auf Grundlage des metrischen Ranges einer Zeitschrift, in der die Forschung veröffentlicht wurde. Die noch immer häufig anzutreffende Interpretation dieser Größe zeigt allerdings, dass ein nicht geringer Teil der Forschergemeinde, ihrer Institutionen und Geldgeber der Faszination einfacher Zahlen wohl dauerhaft erlegen ist. Daran hat sich auch seit 2012 nichts geändert.

Wie also können wir Anreize für eine kreative und innovative, auch verantwortungsvolle Ökosystemforschung lebendig erhalten? Wie kommt man wieder zu einem *»guten wissenschaftlichen Leben«*?[231]

Forschung an Wäldern untersucht extreme Komplexität von Lebensgemeinschaften in Raum und Zeit. Wie stellt man diese Komplexität angemessen und gleichzeitig verständlich dar, wie geht man sie überhaupt an? Zunächst, indem man sich die notwendige Zeit dafür nimmt, ganz im Sinne einer »Slow Science«. Das muss keineswegs bedeuten, sich modernen Entwicklungen zu verweigern. Im sympathischen, schon 2010 veröffentlichten »Slow Science«-Manifest heißt es:

»Verstehen Sie uns nicht falsch – wir sagen *Ja* zur beschleunigten Wissenschaft des frühen 21. Jahrhunderts. Wir sagen *Ja* zum anhaltenden Strom von begutachteten Zeitschriftenpublikationen und deren Impact; wir sagen *Ja* zu wissenschaftlichen Blogs und Medien- und Öffentlichkeitsarbeit; wir sagen *Ja* zu einer zunehmenden Spezialisierung und Diversifizierung in allen Fächern. (…)

Wir behaupten aber, dass dies nicht alles sein kann. Wissenschaft braucht Zeit zum Nachdenken. Wissenschaft braucht Zeit zum Lesen und Zeit zum Fehlermachen. Wissenschaft weiß nicht immer, wo sie gerade steht. Wissenschaft entwickelt sich unstet, ruckartig und in unvorhersehbaren Sprüngen – zugleich aber bewegt sie sich auf einer sehr langsamen Zeitschiene, der man Raum geben und gerecht werden muss. (…)

Wir brauchen Zeit zum Nachdenken. Wir brauchen Zeit zum Verdauen. Wir brauchen Zeit, um uns gegenseitig misszuverstehen, insbesondere wenn wir den verloren gegangenen Dialog zwischen Geistes- und Naturwissenschaften wiederbeleben wollen. Wir können Ihnen nicht dauernd mitteilen, was unsere Forschung bedeutet oder wofür sie gut sein wird, weil wir es einfach noch nicht wissen. Wissenschaft braucht Zeit.

Haben Sie Nachsicht mit uns, während wir nachdenken.«[232]

Mehr als zehn Jahre später scheint das Problem nicht in mangelnder Nachsicht der Öffentlichkeit für die Wissenschaftlerinnen und Wissenschaftler zu bestehen, sondern eher in der mangelnden Geduld der Forschenden mit sich selbst. Sehr viele scheinen unter den ökonomischen Zwängen das Gefühl entwickelt zu haben, niemals genug zu publizieren, niemals hochrangig genug zu publizieren und niemals genug Forschungsgelder einzuwerben. Das wird aber oft nur *hinter vorgehaltener Hand* geäußert: »In den Hinterzimmern, wenn die persönliche Situation im small talk ausgetauscht wird, häufen sich (…) Klagen über zunehmende administrative Belastung, über das Gefühl, unglaublich viel zu tun, aber nichts (mehr) richtig, über fehlende Zeit, Artikel, wenn nicht gar Bücher (wirklich) lesen zu können. (…) Ein wiederkehrender Eindruck dabei ist, dass irgendwie alles zu viel wird«, schreibt die Frankfurter Humangeografin Antje Schlottmann.[233]

Sie zeigt am Beispiel des Faches Geografie, dass sich mit der nachhaltigen Entwicklung der Umwelt befasste Wissenschaften bereits in einen fundamentalen Widerspruch verwickelt haben: Während sie objektiv nachvollziehbare Leitlinien des nachhaltigen Umgangs mit der Umwelt erarbeiten (beziehungsweise die Folgen nicht-nachhaltigen Umgangs objektiv belegen können), ist ihr wissenschaftliches Handeln, sogar der Umgang der Forschenden mit sich selbst alles andere als nachhaltig. »Wissensproduktion unterliegt in all ihren Facetten, getrieben auch durch die fortschreitende Digitalisierung der Schreib- und Lernprozesse, nicht nur den Bedingungen, sondern auch den Prinzipien einer wachstumsorientierten und gerade in puncto Output-Orientierung nicht-nachhaltigen Konsumgesellschaft.« Der *Burn-out* im neoliberalen Hamsterrad ist letztlich bei vielen eine Frage der Zeit, obwohl gleichzeitig in denselben Fachkreisen und Instituten ökologische Verantwortung und nachhaltiges Handeln thematisiert werden.

Eine erstaunliche Entwicklung.

Nach der belgischen Philosophin Isabelle Stengers besteht das zentrale Problem der im *Rat Race* gefangenen Forschergemeinde darin, einerseits immer stärker ihre wissenschaftliche Freiheit (und damit ihr kreatives Potenzial), ihre Gesundheit und generell ihre Möglichkeiten einer nachhaltigen Lebensplanung dahinschwinden zu sehen, andererseits aber nicht offen darüber reden zu können, ohne die Finanzierung ihrer Forschung und damit ihre Karriere zu gefährden.[234] Das gilt insbesondere für den auf Schleudersitzen beschäftigten wissenschaftlichen Nachwuchs, der seine Eignung für den Betrieb durch das Bekenntnis zu den Regeln des Mainstreams nachweist.

Unter dem Joch neoliberaler Mechanismen im nun propagierten internationalen Wettbewerb der Universitäten wird die Zeitschraube notwendigerweise immer fester angezogen. Auch hier ist die Skala nach oben offen. Es liegt in der Natur des Geschehens, dass sich unter diesem Produktionsdruck erbrachte Leistungen auf der Qualitätsskala eher nach unten orientieren müssen. Konstrukteuren von Autos und Flugzeugen ist das wohl mittlerweile wieder bewusster geworden.

Jedenfalls bleibt das zu wünschen.

Epilog
Der Stand der Dinge

Die Wälder der Welt haben in der anhaltenden Klimaerwärmung schon einen langen Weg hinter sich gebracht.

Er begann vor über 100 Jahren mit häufigerer Samenbildung an Nadelbäumen im Norden Europas, Asiens und Nordamerikas, der nachfolgend einsetzenden Verschiebung der Waldgrenzen, zunehmendem Stress nach immer häufiger und extremer werdenden Anomalien wie Dürren und Starkniederschlägen in vielen Weltgegenden und führte hin bis zur Einäscherung in den Feuersbrünsten dieser Tage, unter anderem im Mittelmeerraum, in Sibirien und im Westen Nordamerikas. Und auch das klassische Waldsterben der 1980er Jahre in Mitteleuropa wäre ohne die außergewöhnliche Dürre des Sommers 1976 und die nachfolgende, relativ trockene Periode so nicht passiert.

Viele Studien weisen darauf hin, dass die fortwährende Erwärmung zu immer häufigeren und stärkeren Störungen wie Waldbränden, Stürmen, Dürren und extremen Temperatur- oder Niederschlagsereignissen führen wird.[235,236] Ändert sich der Trend nicht, gehören absterbende Wälder vielleicht auch dort bald zum Landschaftsbild, wo wir uns das noch nicht vorstellen können oder wollen.

Fast wöchentlich erscheinen inzwischen bedeutende Forschungsarbeiten, die um zentrale Fragen zu den Auswirkungen des Klimawandels auf die Wälder Mitteleuropas und der Welt kreisen. Wie sieht heute, im September 2022, der Forschungsstand zum Thema »Wald und Klimawandel« auf globaler Ebene eigentlich aus?

Die Extreme nehmen offensichtlich immer weiter zu. Trockenstress, Feuer und Borkenkäfer-Ausbrüche werden häufiger und betreffen immer größere Flächen.[237] Klimatische Rekordwerte führten 2020 zu katastrophalen Bränden in den USA[238], 2022 scheinen diese Rekorde erneut übertroffen zu werden. In den Rocky Mountains brennen die Wälder der Hochlagen jetzt häufiger als je zuvor in den letzten Jahrtausenden, und die Feuer reichen um 250 Meter weiter die Berge hinauf als noch vor 30 Jahren.[239]

Von Dürren besonders betroffen sind – wie schon einst in Hawaii – die großen und alten Bäume. Das ist sehr bedeutsam, denn blickt man auf die größten Bäume der Welt, dann steht ein Prozent der Bäume für 50 Prozent der globalen Biomasse und damit auch die Hälfte des darin gebundenen CO_2.[240]

Nach den Ergebnissen der Waldzustandserhebung 2020 war in Deutschland der Anteil der Bäume mit deutlichen Kronenverlichtungen mit 37 Prozent noch nie so hoch wie zuletzt.[241] Auch in Gesamteuropa hat das Absterben von Baumkronen in den letzten Jahrzehnten zugenommen. Die Altersstruktur der Wälder könnte sich also durch den Klimawandel erheblich verändern. Dabei verkörpern alte Wälder besonders wertvolle, artenreiche Lebensräume. Der absehbare Trend zu jüngeren Wäldern hätte also negative Folgen sowohl für die Biodiversität als auch für die Funktion der Wälder als Kohlenstoffspeicher.[242]

Es muss aber nicht gleich um den Verlust von Baumkronen oder das Absterben ganzer Wälder gehen. Solche deutlich sichtbaren Effekte sind ja die extremsten Folgen ungünstiger klimatischer Bedingungen. Da die strukturelle Komplexität naturnaher Wälder weitgehend durch den Jahresniederschlag und die Saisonalität der Niederschläge gesteuert wird, dürften Änderungen dieser Größen erst einmal subtilere Folgen haben. Ein erwartbares Ergebnis geringeren Wasserangebots ist das geringere Wachstum der Bäume, also auch eine Abnahme der Baumhöhen.[243] Gleichzeitig dürften Verschiebungen des Artenspektrums in betroffenen Wäldern einsetzen, je nach Verträglichkeit der veränderten Bedingungen für die jeweilige Pflanzen- oder Tierart.

In den Tropen könnte das Zusammenwirken von Entwaldung und Klimawandel zu strukturellen Veränderungen auch der verbliebenen Naturwälder führen, etwa im Amazonasbecken[244]. Hier ist bereits eine langsame Verschiebung hin zu besser an Trockenheit angepasste Baumarten nachweisbar.[245] Selbst diese Region, bisher als grüne Lunge der Welt betrachtet, gibt neuerdings mehr CO_2 in die Erdatmosphäre ab, als ihre Regenwälder aufnehmen.[246] In den Nadelwäldern der kälteren Gefilde des globalen Nordens dürfte die erwartete Zunahme von Waldbränden den theoretisch denkbaren, positiven Auswirkungen steigender Temperaturen auf den Baumwuchs entgegenwirken.[247]

Mit der Schwächung einheimischer Bäume wird gleichzeitig die Zugänglichkeit naturnaher Wälder für gebietsfremde Arten größer. Dies führt zur Verdrängung von Arten bis hin zur Entstehung völlig neu zusammengesetzter Wälder. Die schon jetzt bekannten Fälle lassen befürchten, dass solche *Novel Ecosystems* viele Funktionen natürlicher Wälder, etwa die Vermeidung von Naturrisiken[248], nicht abdecken werden.

Während all diese Vorgänge auch eine Veränderung der Tierwelt nach sich ziehen dürften, lassen sich hierzu noch keine übergreifenden Trends ermitteln.[249]

Inzwischen wurde durch ein internationales Expertennetzwerk eine Methodik für die Beobachtung und Bewertung des Waldzustands auf globaler Ebene erarbeitet.[250] Dieses multidisziplinäre Monitoring erfasst die Hotspots von Baumsterben und identifiziert auch die Hintergrundsterblichkeit in Wäldern, basierend auf Satellitendaten und weiteren Datenquellen, einschließlich Waldinventuren, Dauerbeobachtungsflächen im Wald und *Citizen Science*.[251]

Die Einordnung aktueller Entwicklungen in langfristige und großräumige Zusammenhänge gelingt besser, wenn alles verfügbare Wissen über Ökosysteme berücksichtigt wird, auch wenn es schon vor vielen Jahrzehnten erarbeitet worden ist. Die systematische Erhaltung und Pflege historischer Daten, der sogenannten legacy data, steht aber leider noch am Anfang.[252]

Der globale Wandel bildet sich auf vielfältige Weise in der Natur ab. Dabei wirken Veränderungen des Klimas mit Veränderungen der Landnutzung zusammen. Viele Ökosysteme haben das Potenzial, einen allmählichen Wandel mitzugehen. Aber: Extreme Ereignisse werden nachweislich häufiger, und immer mehr Lebensgemeinschaften scheinen dadurch in Schwierigkeiten zu geraten.

Das alles hat sich schon lange abgezeichnet.

Anfang November 2017 erhielt ich von meinem Kollegen Bill Laurance[253] eine E-Mail mit dem Entwurf eines von ihm mitverfassten Aufsatzes. Er bat mich, dieses zeitnah erscheinende Papier und den anhängenden Aufruf online zu unterzeichnen und in meinem Netzwerk weiterzuleiten.

Es handelte sich um *World Scientists' Warning to Humanity: A Second Notice.*[254] 25 Jahre nach dem besorgten Aufruf *Scientists Warning to Humanity* von rund 1700 Wissenschaftlerinnen und Wissenschaftlern, der Umweltzerstörung Einhalt zu gebieten, ging es erneut darum, die Menschheit wachzurütteln. Im Aufruf von 2017 wurde dargestellt, wie sich relevante Größen, etwa Süßwasserressourcen pro Kopf, Waldflächen, CO_2-Emissionen oder die Bestände von Wirbeltierarten seit dem ersten Aufruf im globalen Maßstab entwickelt hatten. Auf wenigen Seiten ergab sich das klare Bild eines *immer schnelleren* Niedergangs.

Schon vor 30 Jahren, eigentlich noch viel früher[255], wussten wir doch, worum es geht. Und noch immer passiert nicht genug, um die Entwicklung aufzuhalten oder gar umzukehren.

Bei Weitem nicht.

Wir leiden an einer gewaltigen Lücke zwischen Wissen und Handeln. Sie lässt sich leichter schließen, je umfassender wir alle – Gesellschaft und Wissenschaft – hinsichtlich der komplexen Zusammenhänge unserer Umwelt und unserer Beziehungen mit ihr gebildet sind, und zwar von klein auf.

Dazu gehören nicht nur ein funktionierendes kollektives Gedächtnis, der nachhaltige Umgang mit gewachsenem Wissen, eine integre Forschung und Informationspolitik, inter- und transdisziplinäre Zusammenarbeit sowie die unmittelbare Verankerung und Verwertbarkeit der Forschung in der Wirklichkeit, insbesondere auch in Schulen.

Als Reaktion auf die Prognosen zum Klimawandel sind Änderungen des persönlichen Konsumverhaltens unerlässlich. Obwohl vermutlich viele Menschen in westlichen Ländern mittlerweile glauben, in dieser Hinsicht sensibilisiert zu sein, wird doch gerade hier die enge Beziehung zwischen Konsum und Produktion unterschätzt – und damit auch, wie sehr unsere Kauflust den Bemühungen zur nachhaltigen Entwicklung entgegensteht. Unser Kaufverhalten bedeutet in seiner ungebrochenen Wucht letztlich nichts anderes als unsere weiterhin anhaltende Zustimmung zur Erderwärmung.

So stehen die Wälder der Welt an einem Scheideweg. Trotz politischer Willensbekundungen und internationaler Bemühungen gehen Abholzung, Fragmentierung, Bodenversauerung und Klimastress unvermindert weiter. Global betrachtet scheinen die Initiativen zur Änderung dieser Trends bisher nicht ausreichend zu funktionieren.[256] Das aber sollte keine entmutigende Nachricht sein, sondern Ansporn für größere Bewusstheit im Umgang mit der kostbaren Ressource Wald und eine Verdopplung unserer Anstrengungen. Die neuerliche, extreme Sommerdürre des Jahres 2022 in weiten Teilen der Nordhemisphäre hat in vielen Gesellschaften einen entsprechenden Impuls gesetzt. Trotz der anhaltenden übrigen Krisen haben sich bislang ungekannte Folgen der Klimaerwärmung, etwa eine spürbare Verknappung des Wasserangebots in traditionell wasserreichen Landschaften, stark ins Bewusstsein der Menschen geschoben. Zur ungewohnten Wasserknappheit kommen die apokalyptischen Bilder immer größerer Waldbrände, etwa im Mittelmeerraum oder in Russland, das allein in den letzten zwei Jahren eine Waldfläche der Größe Portugals verloren hat, oder der Flutkatastrophe in Pakistan. Und auch im Globalen Süden mehren sich Extreme, etwa die aktuelle Hitzewellen im Amazonasraum und Australien, wo im Nordwesten gerade der wärmste September seit Beginn der Aufzeichnungen registriert wird.

So schließe ich dieses Buch mit der Hoffnung, dass dem Thema künftig auf allen Ebenen in angemessener Weise begegnet wird - für die Wälder der Welt, und letztlich für uns alle.

Danksagung

Viele Menschen haben mich auf verschiedene Weise bei der Niederschrift dieses Buches und den Vorarbeiten dazu unterstützt. Ich bedanke mich sehr herzlich bei Beate Alberternst, Craig D. Allen, Peter Bank, Florian Bemmerlein-Lux, Oliver Bender, Wolfgang Bode, Andreas Bolte, Alexander Brenning, Mirka Dickel, Michael J. Dyer, Stephen Galvin, Grant C. Gerrish, Sunil Gopaul, Stefanie Haacke, Geon C. Hanson, Gerhard Hard, Tina Heger, Susanne Henkel, Sylvia Englert, James D. Jacobi, Dajana Jasek, Kurt Jax, Gunnar Keppel, Marie-Isabell Lenz, Laura Lerbs, Jürgen Lindemeier, Sherri Y. F. Lodhar, Gertrud Menczel, Dieter Mueller-Dombois, Heidi Munscheid, Jutta Pscherer, Antje Schlottmann, Christine B. Schmitt, Elke Schüttler, Matthias Seaman, Hanno Seebens, Martin Sommer, Deborah Sue, Helene H. Wagner, Michael Wala, Richard »Dick« Watling, ferner D., die lieber anonym bleiben möchte, meiner Familie und – Finny.

Anmerkungen

Kapitel 1: Was wurde eigentlich aus dem Waldsterben?

1 Tatsächlich ist der Begriff »Waldsterben« wesentlich älter; seine Verwendung reicht bis in die frühen 1920er Jahre zurück; siehe dazu Metzger, B., Bemmann, M., Schäfer, R.: »Erst stirbt der Wald, dann stirbt der Mensch«. Was hatte das Waldsterben mit dem deutschen Waldmythos zu tun? In: Thomm, Ann-Katrin (Hg.): Mythos Wald. LWL-Museumsamt für Westfalen, Münster 2009, S. 43–53

2 Bild der Wissenschaft, Heft 12, Dezember 1982, Seite 84

3 Fietkau, H-J., Matschuk, H., Moser, H., Schulz, W.: Waldsterben: Urteilsgewohnheiten und Kommunikationsprozesse. Ein Erfahrungsbericht. – Internationales Institut für Umwelt und Gesundheit, Berlin 1986 (IIUG rep; 86–6)

4 Schwefeldioxid entsteht bei der Verbrennung schwefelhaltiger Brennstoffe, zum Beispiel von Braunkohle. Ein interessanter Artikel zur zeitgenössischen Diskussion ist »Begaste Bäume« vom 4.2.1983 von Annelies Furtmayr-Schuh in der Zeit, Ausgabe 6/1983; (Download: https://www.zeit.de/1983/06/begaste-baeume?utm_referrer=https%3A%2F%2Fwww.google.de%2F, abgerufen am 31.7.2021)

5 Zum Beispiel: Hans Biebelriether: Nationalparks auf der »Roten Liste«. Einmalige Naturlandschaften, die die Menschen besonders schützen wollten, drohen binnen weniger Jahre zugrunde zu gehen: Der Baumtod grassiert in den Nationalparks Polens, der CSSR und der Bundesrepublik, in: Natur, Heft Nr. 9 (September) 1984, S. 102–103

6 Bild der Wissenschaft 12, 1982, S. 5

7 Wer sich detailliert über den Verlauf der forstwissenschaftlichen Waldsterbensforschung im Kontext der öffentlichen Debatten informieren möchte, dem sei die großartige, umfassende und allgemeinverständliche Darstellung von Roland Schäfer ans Herz gelegt: Schäfer, R.: »Lamettasyndrom« und »Säuresteppe«: Das Waldsterben und die Forstwissenschaften 1979–2007. – Schriften aus dem Institut für Forstökonomie der Universität Freiburg, Band 34, 2012; (Download: https://freidok.uni-freiburg.de/data/8512, abgerufen am 31.7.2021)

8   Schäfer 2012, S. 70

9   Siehe eine Zusammenfassung dieser Überlegungen Otto Kandlers zum Beispiel unter
     Kandler, O.: Historical declines and diebacks of central European forests and present
     conditions. Environmental Toxicology and Chemistry, 11, 1992, S. 1077–1093

10   Bild der Wissenschaft, Heft 12, Dezember 1982, S. 120 ff.

11   Schäfer 2012, S. 283

12   Schäfer 2012, S. 132 ff.

13   Professor Dr. Reinhard Hüttl, damals Inhaber des Lehrstuhls für Bodenschutz und
     Rekultivierung an der Brandenburgischen Technischen Universität Cottbus.
     Zitat siehe Seite 179 f. in: Hüttl, R.: Neuartige Waldschäden. – Berlin-Brandenburgi-
     sche Akademie der Wissenschaften (vormals Preußische Akademie der Wissenschaf-
     ten), Berichte und Abhandlungen, Band 5, S. 131–215. Akademie Verlag, Berlin 1998

14   Laut Umweltbundesamt gingen die Schwefeldioxid-Emissionen in Deutschland von
     1990 bis 2017 – also erst nach Erholung der Wälder – um 94,3 Prozent zurück. Entschei-
     denden Einfluss hatte der Einsatz von Brennstoffen mit geringerem Schwefelgehalt.

15   Waldzustandsbericht 2000; Schadstufe 0 (0–10 % Nadel- und Blattverlust), Schadstu-
     fe 1 (11–25 % Nadel- bzw. Blattverlust), Schadstufen 2 bis 4 (über 25 % Nadel- bzw.
     Blattverlust) (Download: https://www.sdw.de/cms/upload/pdf/Waldschden2000.pdf,
     abgerufen am 31.7.2021)

16   Schäfer 2012, S. 308

17   Hüttl 1998, S. 192 f.

18   Die Welt, 12.12.2003: Wald leidet unter dem Jahrhundertsommer

19   Mueller-Dombois, D. und Krajina, V. J.: Comparison of east-flank vegetations on
     Mauna Loa and Mauna Kea, in: Proceedings of the Symposium on Recent Advances
     in Tropical Ecology, 2, 1968, S. 508–520 (dieser und weitere im Original auf Englisch
     erschienene Texte werden in einer Übersetzung des Verfassers zitiert)

20   Petteys, E. Q. P., Burgan, R. E. und Nelson, R. E.: 'ohi'a forest decline: Its spread and
     severity in Hawaii. – PSW-105, U. S. Department of Agriculture, Forest Service, Alba-
     ny, California, 1975

21   Hodges, C. S., Adee, K. T., Stein, J. D., Wood, H. B. und Doty, R. D.: Decline of 'ohi'a
     (Metrosideros polymorpha) in Hawaii: a review. United States Department of Agricul-
     ture, Forest Service, Pacific Southwest Forest and Range Experiment Station: General
     Technical Report PSW-86, Berkeley, California, 1986

22   Holt, R. A.: The Maui forest trouble: a literature review and proposal for research. –
     Hawaii Botanical Science Paper No. 42. University of Hawaii, Honolulu 1983. Die in
     diesem Kapitel verwendeten Zitate von Lyon und Curran sind Übersetzungen der bei
     Holt verwendeten englischen Originale durch den Verfasser.

23   Mueller-Dombois, D., Jacobi, J. D., Böhmer, H. J. und Price, J. P.: Ohia Lehua Rainfo-
     rest. Born among Hawaiian Volcanoes, evolved in isolation. Friends of the Joseph
     Rock Herbarium, Amazon Press, 2013

24   Mertelmeyer, L., Jacobi, J. D., Brink, K., Mueller-Dombois, D. und Böhmer, H. J.: Re-
     generation of Metrosideros polymorpha forests in Hawaii after landscape-level cano-
     py dieback. – Journal of Vegetation Science 30, 2019, S. 146–155

25 Clarke, F. L.: Decadence of Hawaiian Forest. All about Hawaii 1, 1875, S. 19–20

26 Böhmer, H. J.: Vulnerability of tropical montane rain forest ecosystems due to climate change. In: Brauch, H. G., Oswald Spring, Ú., Mesjasz, C., Grin, J., Kameri-Mbote, P., Chourou, B., Dunay, P. und Birkmann, J. (Hg.): Coping with Global Environmental Change, Disasters and Security – Threats, Challenges, Vulnerabilities and Risks. Hexagon Series on Human and Environmental Security and Peace, Volume 5, S. 789–802. Springer, Berlin – Heidelberg – New York 2011

27 Böhmer, H. J. und Niemand, C.: Die neue Dynamik pazifischer Wälder. Wie Klimaextreme und biologische Invasionen Inselökosysteme verändern. – Geographische Rundschau 61, 2009, S. 32–37

28 Mueller-Dombois, D. et al. 2013, S. 85 ff.

29 Das gilt übrigens für die meisten Pazifikinseln noch immer.

30 Hüttl, R.: Das negative Kassandra-Syndrom oder Wissenschaft im Streit, Vortrag vor der Berlin-Brandenburgischen Akademie der Wissenschaften, 26. November 1998

31 Hard, G.: Spuren und Spurenleser. Zur Theorie und Ästhetik des Spurenlesens in der Vegetation und anderswo. – Osnabrücker Studien zur Geographie, Band 16. Universitätsverlag Rasch, Osnabrück 1997

32 Mueller-Dombois, D.: Stand-Level Dieback and Ecosystem Processes: A Global Perspective. GeoJournal 17 (2), 1988, S. 162–164

33 Mueller-Dombois, D. et al. 2013, S. 253

34 Zunächst ein unveröffentlichtes Gutachten aus dem Jahr 1991 mit dem Titel »Extreme climatic fluctuations as a mechanism of forest dieback in the Pacific Rim«, Office of Environmental Processes and Effects Research, US Environmental Protection Agency, Washington DC.; später entstand daraus die Veröffentlichung Auclair, A. N. D.: Extreme climatic fluctuations as a cause of forest dieback in the Pacific Rim. Water Air and Soil Pollution 66, 1993, S. 207–229

35 McLaughlin, S. B.: Effects of Air Pollution on Forests – A Critical Review, Journal of the Air Pollution Control Association, 35:5, 1985, S. 512–534 (DOI: 10.1080/00022470 .1985.10465928); https://doi.org/10.1080/00022470.1985.10465928

36 Auclair, A. N. D.: Extreme climatic fluctuations as a cause of forest dieback in the Pacific Rim. Water Air and Soil Pollution 66, 1993, S. 207–229

37 Mueller-Dombois, D.: Stand-Level Dieback and Ecosystem Processes: A Global Perspective. In: GeoJournal 17 (2), 1988, S. 162–164

38 Gimingham, C. H.: Stand-Level Dieback and Ecosystem Processes: Concluding Remarks. GeoJournal 17 (2), 1988, S. 301–302

39 Huettl, R. D. und Mueller-Dombois, D. (Hg.): Forest Decline in the Atlantic and Pacific Regions. Springer Verlag, Berlin und Heidelberg 1993

40 Eine umfassende Zusammenstellung aller bis zu den frühen 1990er Jahren weltweit registrierten Absterbephänomene von Bäumen und Wäldern findet sich bei Ciesla, W. M. und Donaubauer, E.: Decline and dieback of trees and forests: A global overview. FAO Forestry Paper 120. Food and Agriculture Organization of the United Nations, Rom 1994

Kapitel 2: Klima, Wald und Wandel

41   Utschig, H., Bachmann, M. und Pretzsch, H.: Jahrringanalysen an Fichten und Buchen zeigen: Das Trockenjahr 1976 bescherte langjährige Zuwachseinbrüche. LWF aktuell, 43/2004, S. 17–18

42   Die Bundeswaldinventur liefert eine statistisch abgesicherte Gesamtschau der forstlichen Produktionsmöglichkeiten in Deutschland und wird nach einem einheitlichen Erhebungsverfahren in den Bundesländern durchgeführt. Auf dem Gebiet der alten Bundesländer fand die Bundeswaldinventur erstmals in den Jahren 1986 bis 1988 statt. 2001 bis 2003 wurde sie im alten Bundesgebiet wiederholt, in den neuen Ländern erstmals durchgeführt. Stichjahr der ersten Inventur ist 1987, das der zweiten Inventur 2002.

43   http://www.waldundklima.de/wald/bwi_01.php, abgerufen am 30.3.2021

44   Waldschadensbericht 2004

45   Ozon ist ein instabiles, giftiges Molekül aus drei Sauerstoffatomen. Es ist eigentlich ein Spurengas in hohen Atmosphäreschichten, kann aber durch starke Sonneneinstrahlung aus Stickstoffoxiden, etwa aus Autoabgasen, auch am Boden entstehen. Es kann von Pflanzen durch die Spaltöffnungen der Blätter aufgenommen werden und wird immer wieder für Waldschäden verantwortlich gemacht, doch gibt es dazu sehr widersprüchliche Auffassungen und Forschungsergebnisse.

46   Der Spiegel, 8.12.2004: Regierungsbericht: Waldsterben bricht alle Rekorde.

47   Der Spiegel, 8.10.2004: Zu viel Wald: »Die Deutschen sollen wieder holzen.«

48   Die Schadstufen des Waldzustandsberichts: Schadstufe 0 (ohne Kronenverlichtung, 0–10 %), Schadstufe 1 (schwache Kronenverlichtung, 11–25 %), Schadstufe 2 (mittelstarke Kronenverlichtung, 26–60 %), Schadstufe 3 (starke Kronenverlichtung, 61–99 %), Schadstufe 4 (abgestorben).

49   Regel, C.: Die Klimaänderung der Gegenwart. A. Francke AG. Verlag, Bern 1957. Lizenzausgabe für Deutschland: Lehnen Verlag, München. Siehe auch: Regel, C.: Klimaänderung und Vegetationsentwicklung im eurasiatischen Norden. Österreichische botanische Zeitschrift 96, 1949, S. 369–398

50   Regel, K.: Zur Kenntnis des Baumwuchses und der polaren Waldgrenze. Sitzungsberichte der Naturforschenden Gesellschaft Dorpat 1915, 24, S. 3–31. Siehe auch Regel, K.: Die Lebensformen der Holzgewächse an der polaren Wald- und Baumgrenze. Sitzungsberichte der Naturforschenden Gesellschaft Dorpat 1921, 28, S. 1–15

51   Holtmeier, F.-K. und Broll, G.: Treeline Research – From the Roots of the Past to Present Time. A Review. Forests, 11 (1), 2020, S. 38; doi:10.3390/f11010038

52   Cheloudiakowa, V.: Végétation du bassin de l'Indighirka. Sovietskaia botanika Nr. 4–5. Mosqua-Leningrad

53   Grigorjew, A.: Poljarnyje granitzy drewesnoj rastitelnosti w Boschwesemelskoj i nekotorych drugich tundrach. Semlewedenije 26. Wyp. 1–2. Moskau 1924

54   Aario, L.: Waldgrenzen und subrezente Pollenspektren in Petsamo Lappland. Annales Academiae Scient. Fennicae Ser. A. Tom. LIV Nr. 8. Helsinki 1940. Siehe auch Aario, L.: Über die Wald- und Klimaentwicklung an der lappländischen Eismeerküste in Petsamo. Annal. Botan. Soc. Zool. Botan. Vanamo Tom 19 Nr. 1. Helsinki 1943

55 Tjulina, L.: Lesnaja rastitelnosti Chatangskogo rajona u jeje sewernogo predela. Trudy arkt. Instituta LXIII, wyp. 5–6. Leningrad 1937. Siehe auch: On the forest vegetation of Anadyr Land and its correlation with the Tundra. In: The forests of the Basin of the Anadyr River. Transactions of the Arctic InstituteXL. Geobotanic. 40, S. 7–212. Leningrad 1936

56 Griggs, R. F.: The edge of the forest in Alaska and the reasons for its position. Ecology 15, Brooklyn 1934

57 Regel, C. 1957, S. 6

58 Wagner, A.: Klimaänderungen und Klimaschwankungen. Braunschweig 1940

59 Als Klimaelemente bezeichnet man meteorologische Größen wie Lufttemperatur, Luftdruck, Wind, Luftfeuchtigkeit, Niederschlag und Bewölkung.

60 Wagner, A. 1940, S. III (Vorwort)

61 Regel, C. 1957, S. 48

62 Regel, C. 1957, S. 7 (Hervorh. nicht im Original)

63 Arrhenius, S.: On the influence of Carbonic Acid in the Air upon the Temperature of the Ground. Philosophical Magazine and Journal of Science, Series 5, Volume 41, 1896, S. 237–276.

64 Weart, S.: The Discovery of Global Warming: The Carbon Dioxide Greenhouse Effect. Center of History, American Institute of Physics, https://history.aip.org/climate/co2.htm#N_4 (abgerufen am 31.7.2021)

65 Regel, C. 1957, S. 16

66 Als Solarkonstante bezeichnet man die langjährig gemittelte Bestrahlungsstärke der Sonne, die bei mittlerem Abstand Erde–Sonne ohne den Einfluss der Atmosphäre senkrecht zur Strahlrichtung auf die Erde auftrifft. (https://www.leifiphysik.de/astronomie/sonne/grundwissen/solarkonstante-und-strahlungsleistung, abgerufen am 31.7.2021)

67 Kosiba, A.: The contemporary Climatic Oscillations. Czasopismo Geograficzne 20, 1–4, S. 31–58, Wroclaw 1949

68 Deutsche Biographie: Regel, Eduard August (https://www.deutsche-biographie.de/sfz75839.html, abgerufen am 31.7.2021)

69 Elektronisches Handbuch der Studiengruppe Kaunas der Universitätsbibliothek Kaunas (KAVB), http://atminimas.kvb.lt/asmenvardis.php?asm=REGELIS%20KONSTANTINAS (abgerufen am 31.7.2021)

70 Czaja, A. T.: In memoriam Professor Dr. Constantin von Regel. Plant Foods for Human Nutrition, Volume 20 (1–2), 1970

71 Duan, J. et al.: Detection of human influences on temperature seasonality from the nineteenth century. Nature Sustainability, 2019 (https://doi.org/10.1038/s41893-019-0276-4, abgerufen am 31.7.2021)

72 Aerosole sind winzige Partikel (z. B. Staub, Pollen), die in der Atmosphäre schweben. Sulfat-Aerosole können vulkanischen Ursprungs sein, beruhen aber derzeit überwiegend auf menschengemachten Schwefeldioxid-Emissionen. Sie beeinflussen zum Beispiel die Eigenschaften von Wolken, etwa deren Fähigkeit zur Absorption von Strahlung. Ausführlich zum Beispiel in C.-D. Schönwiese: Klimatologie. 4. Auflage, Ulmer, Stuttgart 2013

73 Romer, E.: On the recent growing oceanic influence on the climate of Europe. Przeglad Geograficzny 21, 1–2, S. 104–106. Warszawa 1947

74 Peters, R.L.: Effects of global warming on forests. Forest Ecology and Management, Volume 35, Issues 1–2, 1990, S. 13–33

75 Food and Agriculture Organization of the United Nations: Climate change, forests and forest management – An overview. FAO Forestry Paper 126, 1995

76 Allen, C.D.: Changes in the Landscape of the Jemez Mountains, New Mexico. Ph.D. dissertation, Department of Forestry and Natural Resources, University of California, Berkeley, CA 1989

77 Allen, C.D., Macalady, A.K., Chenchouni, H., Bachelet, D., McDowell, N. et al.: A global overview of drought and heat-induced tree mortality reveals emerging climate change risks for forests. Forest Ecology and Management, 259 (4), 2010, S. 660–684

78 Allen et al. 2010, S. 669; siehe zur Bewertung der deutschen Waldsterbensdebatte aus internationaler Sicht auch: Skelly, J.M. und Innes, J.L.: Waldsterben in the Forests of Central Europe and Eastern North America: Fantasy or reality? Plant Disease, 78(11), 1994, S. 1021–1032

79 Wong, C.M. und Daniels, L.D.: Novel forest decline triggered by multiple interactions among climate, an introduced pathogen and bark beetles. Global Change Biology 23, 2017, S. 1926–1941

80 Titelseite von Bild der Wissenschaft, Ausgabe August 1979; Titel: Wann kommt die nächste Eiszeit?

81 Gesteinsmaterial, das von einem vordringenden Gletscher wallartig aufgetürmt wurde. Nach dem Abschmelzen beziehungsweise Rückzug des Gletschers markiert der Wall die maximale Ausdehnung des Eises in dieser Phase.

82 Grenze zwischen den ganzjährig von Schnee bedeckten Lagen eines Gebirges und den meist niedriger liegenden, zeitweise schneefreien Lagen.

83 Titelseite von Der Spiegel, Ausgabe 44, 1986; Titel: Die Klima-Katastrophe. Über das Verhältnis dieser und weiterer Titelbilder zum jeweiligen Stand des wissenschaftlichen Klimawandel-Diskurses siehe den Beitrag des Klimaphysikers Martin Claußen von 2017: Klimawandel – spekulative Theorien, Kontroversen, Paradigmenwechsel? In: Spekulative Theorien, Kontroversen, Paradigmenwechsel. Streitgespräch in der Wissenschaftlichen Sitzung der Versammlung der Berlin-Brandenburgischen Akademie der Wissenschaften am 25. November 2016. Berlin-Brandenburgische Akademie der Wissenschaften, Debatte, Heft 17, S. 16–25

84 Körner, C.: Alpine Treelines. Functional Ecology of the Global High Elevation Tree Limits. Springer, Basel 2012

85 Die schnee-, eis- und felsgeprägte oberste Höhenstufe der Alpen und anderer Hochgebirge. Bei Jahresmitteltemperaturen unter 0 Grad Celsius ist die Vegetationsdecke nur noch schütter, weshalb auch gelegentlich der Begriff »Kältewüste« Verwendung findet.

86 Treter, U., Ramsbeck-Ullmann, M., Böhmer, H.J. und Bösche, H.: Die Vegetationsdynamik im Vorfeld des Lys-Gletschers (Valle di Gressoney/Region Aosta/Italien) seit 1812. – Erdkunde 56 (3), 2002, S. 253–267

87 Böhmer, H. J.: Vegetationsdynamik im Hochgebirge unter dem Einfluss natürlicher Störungen. – Dissertationes Botanicae 311. Berlin/Stuttgart 1999

88 Bätzing, W.: Die Alpen. Das Verschwinden einer Kulturlandschaft. 2. Auflage, Beck-Verlag, München 2021
Als kurze Zusammenfassung der sozio-ökonomischen Prozesse in den Alpen empfehle ich Bender, O. und Haller, A.: Der sozioökonomische Strukturwandel in den Alpen. In: Lozán, J. L., Breckle, S.-W., Grassl, H. et al. (Hg.): Warnsignal Klima: Hochgebirge im Wandel, 2020, S. 284–290. Online: www.warnsignal-klima.de (abgerufen am 31.7.2021)

89 Böhmer, H. J., Rausch, S. und Treter, U.: Dynamik eines Bergwaldes am Monte Cimino (Aosta). Naturschutz und Landschaftsplanung 30, 1998, S. 309–314

90 Als Reliefenergie bezeichnet man den Höhenunterschied zwischen dem höchsten und dem tiefsten Punkt eines Gebietes.

91 Treter, U. und Sommer, M.: Die Lärchenwälder der Gebirgswaldsteppe in den Randgebieten des Uvs Nuur-Beckens. Die Erde 130, S. 173–188

92 O'Sullivan, K. S. W., Ruiz-Benito, P., Chen, J.-C. und Jump, A. S.: Onward but not always upward: individualistic elevational shifts of tree species in subtropical montane forests. Ecography, 44, 2021, S. 112–123

93 Böhmer, H. J.: Vulnerability of tropical montane rain forest ecosystems due to climate change. In: Brauch, H. G. et al. (Hg.): Coping with Global Environmental Change, Disasters and Security – Threats, Challenges, Vulnerabilities and Risks. Hexagon Series on Human and Environmental Security and Peace, Volume 5, S. 789–802. Springer, Berlin – Heidelberg – New York 2011

94 Als Evapotranspiration bezeichnet man bei Pflanzen die Summe aus Evaporation (Oberflächenverdunstung, z. B. Niederschlagswasser auf Blattoberflächen) und Transpiration (Abgabe von Wasserdampf aus dem Blattinneren).

95 Böhmer, H. J.: Störungsregime, Kohortendynamik und Invasibilität – zur Komplexität der Vegetationsdynamik im Regenwald Hawaiis. – Laufener Spezialbeiträge 2011, »Landschaftsökologie – Grundlagen, Methoden, Anwendungen«, S. 111–117

96 Die Detailinformationen zu den Dürren Australiens im zeitgenössischen Pressespiegel habe ich aus der Materialsammlung (Supplementary Information, Table S1) zu folgender Arbeit entnommen: Robert C. Godfree, Nunzio Knerr, Denise Godfree, John Busby, Bruce Robertson, Francisco Encinas-Viso: Historical reconstruction unveils the risk of mass mortality and ecosystem collapse during pancontinental megadrought. Proceedings of the National Academy of Sciences 116 (31), 2019, S. 15580–15589

97 Bushman (Plural: Bushmen) ist in Australien die traditionelle Bezeichnung für Männer, die im Outback leben oder sich dort zumindest sehr gut auskennen.

98 Siehe Kapitel 1

99 Komplexe thermodynamische Größe für die Wassersättigung eines Bodens, von der auch die Verfügbarkeit des Bodenwassers für Pflanzen abhängt.

100 Nolan, R. H., Gauthey, A., Losso, A., Medlyn, B. E., Smith, R., Chhajed, S. S., Fuller, K., Song, M., Li, X., Beaumont, L. J., Boer, M. M., Wright, I. J. und Choat, B.: Hydrau-

lic failure and tree size linked with canopy die-back in eucalypt forest during extreme drought. New Phytologist, 230, 2021, S. 1354–1365

101 The Dead Tree Detective, Western Sydney University, https://biocollect.ala.org.au/acsa/project/index/77285a13-e231–49e8-b212–660c66c74bac (abgerufen am 31.7.2021)

102 Medlyn, B.: Tree mortality in Australian ecosystems: past, present and future. Vortrag am 22. Februar 2021 im Rahmen der Vortragsreihe des International Tree Mortality Network (ITMN Seminar #3); abrufbar unter https://www.youtube.com/watch?v=hRlBc7oR328 (abgerufen am 31.7.2021)

103 Ummenhofer, C. C., England, M. H., McIntosh, P. C., Meyers, G. A., Pook, M. J., Risbey, J. S., Sen Gupta, A. und Taschetto, A. S.: What causes Southeast Australia's worst droughts? Geophysical Research Letters, 36, 2009, L04706, doi:10.1029/2008GL036801. Siehe auch Ummenhofer, C. C., Sen Gupta, A., Briggs, P. R., England, M. H., McIntosh, P. C., Meyers, G. A., Pook, M. J., Raupach, M. R. und Risbey, J. S.: Indian and Pacific Ocean influences on Southeast Australian drought and soil moisture. Journal of Climate, 24, 2011, S. 1313–1336

104 Peterson, T. J., Saft, M., Peel, M. C. und John, A.: Watersheds may not recover from drought. Science, May 2021, S. 745–749

105 Dundas, S. J., Ruthrof, K. X., Hardy, G. E. St. J. und Fleming, P. A.: Some like it hot: Drought-induced forest die-off influences reptile assemblages, Acta Oecologica 111, 2021, 103714

Kapitel 3: German Angst reloaded

106 Bild, 27. Juli 2019

107 FAZ, 5. September 2019

108 Die Zeit, 25. September 2019

109 Natur + Wir, Ausgabe 3, 2019

110 Die Wochenzeitung im Pegnitztal, 19. August 2020, Nummer 516

111 Frey, A.: Wunderbaum gesucht. In: Spektrum der Wissenschaft, 16. September 2019. https://www.spektrum.de/news/das-neue-waldsterben-gefaehrdet-einheimische-baumarten-die-mit-hitze-und-duerre-nicht-klar-kommen/1672356 (abgerufen am 31.7.2021)

112 Bild der Wissenschaft, Ausgabe Dezember 1982; vergleiche Kapitel 1

113 Peters, W., Bastos, A., Ciais, P. und Vermeulen, A.: A historical, geographical and ecological perspective on the 2018 European summer drought. Philosophical Transactions of the Royal Society B, Volume 375, 2020, 20190505

114 Peters, W. et al. 2020

115 Sousa, P. M., Barriopedro, D., García-Herrera, R., Ordóñez, C., Soares, P. M. M. und Trigo, R. M.: Distinct influences of large-scale circulation and regional feedbacks in two exceptional 2019 European heatwaves. Communications Earth & Environment, 1, 48, 2021, https://doi.org/10.1038/s43247-020-00048-9, 2020.

116 Schuldt, B., Buras, A., Arend, M., Vitasse, Y., Beierkuhnlein, C., Damm, A., Gharun, M., Grams, T. E. E., Hauck, M., Hajek, P., Hartmann, H., Hiltbrunner, E., Hoch, G., Holloway-Phillips, M., Körner, C., Larysch, E., Lübbe, T., Nelson, D. B., Rammig, A., Rigling, A., Rose, L., Ruehr, N. K., Schumann, K., Weiser, F., Werner, C., Wohlgemuth, T., Zang, C. S. und Kahmen, A.: A first assessment of the impact of the extreme 2018 summer drought on Central European forests. Basic and Applied Ecology, Volume 45, 2020, S. 86–103

117 Bastos, A., Orth, R., Reichstein, M., Ciais, P., Viovy, N., Zaehle, S., Anthoni, P., Arneth, A., Gentine, P., Joetzjer, E., Lienert, S., Loughran, T., McGuire, P. C., O, S., Pongratz, J. und Sitch, S.: Increased vulnerability of European ecosystems to two compound dry and hot summers in 2018 and 2019. Earth System Dynamics Discussions (preprint 6. April 2021), https://doi.org/10.5194/esd-2021–19 (abgerufen am 31.7.2021)

118 Matzku, P.: 178 Mio. fm Schadholz seit 2018. Holzkurier.com, 19. August 2020 https://www.holzkurier.com/rundholz/2020/08/178-mio--fm-schadholz-seit-2018. html# (abgerufen am 31.7.2021).

119 dpa-Mitteilung 210804-99-700210/3, u. a. veröffentlicht in Süddeutsche Zeitung, 4. August 2021: Trockenheit verursacht Vielfaches an Schadholz in Wäldern.

120 Bolte, A.: Der große Waldumbau. Spektrum der Wissenschaft, Ausgabe 9, 2020, Deutschland im Klimawandel, S. 18–20

121 Bolte, A. 2020, S. 18

122 Kowarik, I.: Biologische Invasionen. Neophyten und Neozoen in Mitteleuropa. 2. Auflage, Ulmer, Stuttgart 2010

123 Kowarik, I. 2010, S. 190

124 Zitiert nach Kowarik, I.: Zur Einführung und Ausbreitung der Robinie (Robinia pseudoacacia L.) in Brandenburg und zur Sukzession ruderaler Robinienbestände in Berlin. Verhandlungen des Berliner Botanischen Vereins 8, 1990, S. 33–67

125 Böhmer, H. J., Heger, T. und Trepl, L.: Fallstudien zu gebietsfremden Arten in Deutschland. UBA-Texte 13/01. Umweltbundesamt (UBA), Berlin 2001

126 Böhmer et al. 2001, S. 7

127 Böhmer et al. 2001, S. 8

128 Zum Beispiel: Blumröder, J. S., May, F., Härdtle, W. und Ibisch, P. L.: Forestry contributed to warming of forest ecosystems in northern Germany during the extreme summers of 2018 and 2019. In: Ecological Solutions and Evidence, 2, 2021, e12087

129 Interview, veröffentlicht im Newsroom der Max-Planck-Gesellschaft am 30. Oktober 2020; https://www.mpg.de/15962454/interview-mit-henrik-hartmann (abgerufen am 15.8.2021)

130 Siehe hierzu auch zahlreiche Beiträge in Knapp, H. D., Klaus, S. und Fähser, L. (Hrsg.): Der Holzweg. Wald im Widerstreit der Interessen. Oekom-Verlag, München 2021

131 Fuchs, S., Schuldt, B., Leuschner, C.: Identification of drought-tolerant tree species through climate sensitivity analysis of radial growth in Central European mixed broadleaf forests. In: Forest Ecology and Management, Volume 494, 2021, 119287

132 Thorn, S., Müller, J., Leverkus, A. B.: Preventing European forest diebacks. Science, 365, Issue 6460, 2019, S. 1388

133 Schäfer, R.: »Lamettasyndrom« und »Säuresteppe«: Das Waldsterben und die Forst-wissenschaften 1979–2007. Schriften aus dem Institut für Forstökonomie der Univer-sität Freiburg, Band 34, 2012, S. 5

134 Mayer, H.: Der Wald, das Waldsterben und die deutsche Seele. Das Waldsterben als kulturelles Trauma. Riegelnik, Wien 1986

135 Mayer, H. 1986, S. 1

136 Canetti, E.: Masse und Macht. Claassen Verlag, Hildesheim 1960

137 Ich verwende in diesem Abschnitt Gedanken aus meinem Aufsatz »Beim nächsten Wald wird alles anders« aus dem Jahr 1999, publiziert in der Zeitschrift »Politische Ökologie«, Heft 59 »Wa(h)re Wildnis«, S. 15–17

138 Broggi, M. F.: Wo ist Wildnis nötig und sinnvoll? – Gedanken zur Umsetzung in der Kulturlandschaft des Alpenraums vor dem Hintergrund des Strukturwandels. In: Laufener Seminarbeiträge 1/97, Hg.: Bayer. Akad. Natursch. Landschaftspflege (ANL), Laufen/Salzach 1997, S. 87–92

139 IUCN Protected Area Categories, Category 1b: Wilderness Area; https://www.iucn.org/theme/protected-areas/about/protected-area-categories/category-ib-wilder-ness-area (abgerufen am 31.7.2021)

140 The Wilderness Act, Public Law 88–577 (16 U. S. C. 1131–1136), Section 2c; siehe https://wilderness.net/learn-about-wilderness/key-laws/wilderness-act/default.php, (abgerufen am 31.7.2021)

141 Hesmer, H.: Naturwaldzellen. Der deutsche Forstwirt 6, Berlin 1934

142 Zum Beispiel: Künne, H.: Waldgesellschaften des Naturwaldreservates Wasserberg. Natur und Landschaft, 55. Jg., H. 4, 1980, S. 150–153

143 Sturm, K.: Prozeßschutz – ein Konzept für naturschutzgerechte Waldwirtschaft. Zeitschrift für Ökologie und Naturschutz 2, 1993, S. 181–192

144 Zum Beispiel: Remmert, H.: Das Mosaik-Zyklus-Konzept und seine Bedeutung für den Naturschutz. Laufener Seminarbeiträge (ANL) 5/1991, S. 5–15

145 Jax, K.: Mosaik-Zyklus oder Patch Dynamics – Synonyme oder verschiedene Konzep-te? Eine Einladung zur Diskussion. Zeitschrift für Ökologie und Naturschutz 3, 1994, S. 107–112

146 Jedicke, E.: Raum-Zeit-Dynamik in Ökosystemen und Landschaften. Naturschutz und Landschaftsplanung 30, 1998, S. 229–233

Kapitel 4: Globalisierung im Regenwald

147 Für seine herausragenden Beiträge zum Natur- und Ressourcenschutz wurde Dick Watling auf dem IUCN-Weltkongress in Marseille im September 2021 mit der Ehren-mitgliedschaft bei der IUCN ausgezeichnet. Mehr dazu und weitere Details zu seiner Person unter https://www.iucncongress2020.org/event/members-assembly/iucn-awards (abgerufen am 31.7.2021).

148 Mit dem Begriff »Primärwald« werden mehr oder weniger unberührte, also naturbe-lassene Wälder gegen »Sekundärwälder« abgegrenzt, die durch menschlichen Ein-fluss entstanden sind.

149 Dyer, M. J., Keppel, G., Tuiwawa, M., Vido, S. und Böhmer, H. J.: Invasive alien palm *Pinanga coronata* threatens native tree ferns in an oceanic island rainforest. In: Australian Journal of Botany 66, 2018, S. 647–656

150 Die hier genannten Fakten sind Ergebnisse der Abschlussarbeiten Studierender aus meiner Arbeitsgruppe an der University of the South Pacific, namentlich Michael J. Dyer, Sunil Gopaul, Geon C. Hanson, Marie-Isabell Lenz, Sherri Yolanda Faith Lodhar und Jean-Benoit Mathieu.

151 Forey, E., Lodhar, S. Y. F., Gopaul, S., Böhmer, H. J., Chauvat, M.: A functional trait-based approach to underline the negative impact of an alien palm invasion on plant and soil communities in a South Pacific island. In: Austral Ecology, 2021

152 Elton, C. S.: The Ecology of Invasions by Animals and Plants. Methuen, London 1958 (Nachdruck aus dem Jahr 2000, The Chicago University Press, mit einem Vorwort von Daniel Simberloff)

153 Hamilton. G.: Super species: the creatures that will dominate the planet. Firefly Books, New York 2010

154 Crooks, J. A.: Characterizing ecosystem-level consequences of biological invasions: the role of ecosystem engineers. Oikos, 97, 2002, S. 153–166

155 https://www.iucn.org/commissions/species-survival-commission/resources/global-invasive-species-database (abgerufen am 31.7.2021)

156 100 of the World's Worst Invasive Alien Species; siehe http://www.iucngisd.org/gisd/100_worst.php (abgerufen am 31.7.2021)

157 Eindrücklich dargestellt in der äußerst sehenswerten, erschütternden Dokumentation »Darwin's Nightmare« (Darwins Albtraum) des österreichischen Regisseurs Hubert Sauper aus dem Jahr 2004. Der Film wurde 2006 für den Oscar in der Kategorie »Bester Dokumentarfilm« nominiert.

158 Heger, T. und Trepl, L.: Was sind gebietsfremde Arten? Begriffe und Definitionen. In: Natur und Landschaft 83 (9/10), 2008, S. 399–401

159 Heger, T.: Lässt sich vorhersagen, ob eine Art invasiv wird? In: Krumm, F., Vitkova L. (Hg.): Eingeführte Baumarten in europäischen Wäldern: Chancen und Herausforderungen. European Forest Institute, 2019, S. 80–87

160 Ich verwende hier einige Gedanken aus meinem Überblicksaufsatz »Biologische Invasionen – Muster, Prozesse und Mechanismen der Bioglobalisierung«. In: Geographische Rundschau 63, 2011, S. 4–10 (Editorial Paper, Special Volume »Biologische Invasionen«)

161 Seebens, H., Blackburn, T., Dyer, E. et al.: No saturation in the accumulation of alien species worldwide. Nature Communications 8, 2017, 14435

162 Böhmer, H. J., Heger, T., Alberternst, B. und Walser, B.: Ökologie, Ausbreitung und Bekämpfung des Japanischen Staudenknöterichs (*Fallopia japonica*) in Deutschland. In: Anliegen Natur (vorm. Berichte der ANL) 30, 2006, S. 29–34

163 Alberternst, B.: Der Riesenaronstab im Taunus als Beispiel für Früherkennung und Sofortmaßnahmen zu Beginn der Ausbreitung. In: Naturschutz und Biologische Vielfalt, XX, 2005

164 Siehe: https://www.bundeswaldinventur.de/dritte-bundeswaldinventur-2012/lebens-raum-wald-mehr-biologische-vielfalt-im-wald/invasive-pflanzenarten-im-wald-der-zeit-von-geringer-bedeutung (abgerufen am 31.7.2021)

165 https://www.hlnug.de/fileadmin/dokumente/naturschutz/artenschutz/steckbriefe/Neobiota/Pflanzen/Artensteckbrief_2019_Baumwuerger_Celastrus_orbiculatus.pdf (abgerufen am 15.8.2021)

166 https://www.waldwissen.net/de/waldwirtschaft/schadensmanagement/pilze-und-nematoden/merkblatt-eschentriebsterben (abgerufen am 15.8.2021)

167 Heger, T. und Böhmer, H. J.: The invasion of Central Europe by *Senecio inaequidens* DC. – a complex biogeographical problem. In: Erdkunde 59, 2005, S. 34–49

168 Zenni, R. D., Essl, F., García-Berthou, E. und McDermott, S. M.: The economic costs of biological invasions around the world. In: Zenni, R. D., McDermott, S., García-Berthou, E. und Essl, F. (Hg.): The economic costs of biological invasions around the world. NeoBiota 67, 2021, S. 1–9

169 Haubrock, P. J., Turbelin, A. J., Cuthbert, R. N. et al.: Economic costs of invasive alien species across Europe. In: Zenni, R. D., McDermott, S., García-Berthou, E. und Essl, F. (Hg.): The economic costs of biological invasions around the world. NeoBiota 67, 2021, S. 153–190

170 Haubrock, P. J., Cuthbert, R. N., Sundermann, A. et al.: Economic costs of invasive species in Germany. In: Zenni, R. D., McDermott, S., García-Berthou, E. und Essl, F. (Hg.): The economic costs of biological invasions around the world. NeoBiota 67, 2021, S. 225–246

171 Diagne, C., Leroy, B., Gozlan, R.E. et al.: InvaCost, a public database of the economic costs of biological invasions worldwide. Sci Data 7, 2020, S. 277

172 Diagne, C., Turbelin, A. J., Moodley, D. et al.: The economic costs of biological invasions in Africa: a growing but neglected threat? In: Zenni, R. D., McDermott, S., García-Berthou, E. und Essl, F. (Hg.): The economic costs of biological invasions around the world. NeoBiota 67, 2021, S. 11–51

173 Keppel, G., Morrison, C., Meyer, J.-Y. und Böhmer, H. J.: Isolated and vulnerable: the history and future of Pacific Island terrestrial biodiversity. In: Pacific Conservation Biology 20(2), 2014, S. 136–145

174 Kier, G., Kreft, H., Lee, T. M., Jetz, W., Ibisch, P. L., Nowicki, C., Mutke, J. und Barthlott, W.: A global assessment of endemism and species richness across island and mainland regions. Proceedings of the National Academy of Sciences 106 (23), 2009, S. 9322–9327

175 van Kleunen, M., Dawson, W., Essl, F. et al.: Global exchange and accumulation of non-native plants. Nature 525, 2015, S. 100–103

176 Nunn, P. D., Kumar, L., Eliot, I. und McLean, R.: Classifying Pacific islands. Geoscience Letters 3, 7, 2016

177 Whistler, W. A.: Plants of the Canoe People. An Ethnobotanical Voyage through Polynesia. National Tropical Botanical Garden, Lawai, Hawaii 2009

178   Die Geschichte der »Schweigenden Wälder von Guam« erzählt Bernhard Kegel aus-
       führlich in seinem wunderbaren Buch »Die Ameise als Tramp«, in mehreren Aufla-
       gen erschienen im Amman-Verlag, Zürich.

179   Denslow, J. S., Space, J. C. und Thomas, P. A.: Invasive exotic plants in the tropical Pa-
       cific Islands: Patterns of Diversity. Biotropica 41(2), 2009, S. 162–170

180   Meyer, J.-Y. und Florence, J.: Tahiti's Native Flora Endangered by the Invasion of Mi-
       conia Calvescens DC. (Melastomataceae). Journal of Biogeography, Volume.. 23, no.
       6, 1996, S. 775–781

181   Böhmer, H. J., Wagner, H. H., Gerrish, G. C., Jacobi, J. D. und Mueller-Dombois, D.:
       Rebuilding after Collapse: Evidence for long-term cohort dynamics in a monodomi-
       nant tropical rainforest. In: Journal of Vegetation Science 24, 2013, S. 639–650

182   Böhmer, H. J. und Niemand, C.: Die neue Dynamik pazifischer Wälder. Wie Klima-
       extreme und biologische Invasionen Inselökosysteme verändern. In: Geographische
       Rundschau 61, 2009, S. 32–37

183   Minden, V., Jacobi, J. D., Porembski, S. und Böhmer, H. J.: Effects of invasive alien ka-
       hili ginger (Hedychium gardnerianum) on native plant species regeneration in a Ha-
       waiian rainforest. In: Applied Vegetation Science 13 (1), 2010, S. 5–14

184   Werner, R., Jax, K. und Böhmer, H. J.: Sukzession verlandeter Biberteiche auf der
       Insel Navarino (Feuerland-Archipel, Chile). In: Tuexenia 29, 2009, S. 277–296

185   https://www.cbd.int/convention/articles/?a=cbd-08 (abgerufen am 31.7.2021)

186   Choi, C.: Tierra del Fuego: the beavers must die. Nature 453, 2008, S. 968

187   Jax, K., Schüttler, E. und Berghöfer, U.: Von Bibern und Menschen auf Feuerland.
       Geographische Rundschau 3/2011, S. 28–32

188   Schüttler, E., Rozzi, R. und Jax, K.: Towards a societal discourse on invasive species
       management: A case study of public perceptions of mink and beavers in Cape Horn.
       In: Journal for Nature Conservation, Volume 19, Issue 3, 2011, S. 175–184

189   Schüttler, E. et al. 2011, S. 180

190   Schüttler, E., Crego, R. D., Saavedra-Aracena, L. et al.: New records of invasive mammals
       from the sub-Antarctic Cape Horn Archipelago. Polar Biology 42, 2019, S. 1093–1105

191   Inzwischen scheinen die Institutionen das Ziel der Ausrottung aufzugeben und sich
       stattdessen auf die Kontrolle der weiteren Ausbreitung des Bibers zu konzentrieren:
       https://gefcastor.mma.gob.cl/proyecto/ (abgerufen am 15.8.2021)

192   Böhmer, H. J., Heger, T. und Trepl, L.: Fallstudien zu gebietsfremden Arten in
       Deutschland. In: UBA-Texte 13/01. Umweltbundesamt, Berlin 2001

193   Burghause, F.: Der Bisam – vom Pelztier zum Schädling. In: Naturhistorisches Mu-
       seum Mainz (Hg.), »Einwanderer« – Zur Geschichte und Biologie eingeschleppter
       und eingewanderter Arten in Rheinland-Pfalz. I.: Säugetiere, S. 27–37. Mainz 1988
       (=Mainzer Naturwissenschaftliches Archiv, Beiheft 10). Siehe auch: Burghause, F.: 40
       Jahre Bisam in Rheinland-Pfalz. Die Bedeutung eines eingewanderten Nagers und
       die Bemühungen, seinen Schaden einzudämmen. In: Mainzer naturwiss. Archiv 34,
       1996, S. 119–138

194   https://www.gesetze-im-internet.de/bartschv_2005/BArtSchV.pdf (abgerufen am
       31.7.2021)

195 https://www.umweltbundesamt.de/sites/default/files/medien/376/dokumente/organigramm_uba_2021_05_25_de.pdf (abgerufen am 31.7.2021)

196 https://www.bfn.de/fileadmin/BfN/daten_fakten/Orga/07_29_Organigramm.pdf (abgerufen am 15.8.2021)

197 Lenz, M.-I., Galvin, S., Keppel, G., Gopaul, S., Kowasch, M., Watling, D., Dyer, M.J., Lodhar, S., Hanson, G.C., Erasmi, S. und Böhmer, H.J.: Where to Invade Next: Inaction on Biological Invasions Threatens Sustainability in a Small Island Developing State of the Tropical South Pacific. In: Low, P.S. (Hg.): Sustainable Development. Asia-Pacific Perspectives, Chapter 31. Cambridge University Press, 2021

Kapitel 5: Das große Vergessen

198 *Performance Metrics* sind Zahlen, die die messbare Leistung von Mitarbeitenden in Betrieben wiedergeben. Zu den *Key Performance Indicators* (KPIs) im Wissenschaftsbetrieb gehört der Publikationsausstoß eines Individuums, einer Forschungsabteilung oder auch einer ganzen Universität.

199 Virilio, P.: Geschwindigkeit und Politik. Merve Verlag, Berlin 1980

200 Wer nach der Promotion, also dem Erwerb des Doktortitels, zum Beispiel mit Hilfe eines Stipendiums noch weiterforscht, wird im Universitätsjargon als »Postdoc« (Postdoktorand/-in) bezeichnet.

201 Demnach glauben viele beruflich erfolgreiche Menschen insgeheim, sie seien nicht besonders intelligent und ihre Leistungen würden von anderen überschätzt. Der Begriff »Hochstapler-Syndrom« geht zurück auf Pauline R. Clance und Suzanne A. Imes, die das Phänomen zuerst bei Frauen in Führungspositionen beschrieben haben. Siehe Clance, P.R. und Imes, S.A.: The impostor phenomenon in high achieving women. Dynamics and therapeutic intervention. In: Psychotherapy. Theory, Research, and Practice. 1978

202 Wissenschaftszeitvertragsgesetz (WissZeitVG) vom 12. April 2007, 2016 geändert: https://www.gesetze-im-internet.de/wisszeitvg/BJNR050610007.html (abgerufen am 15.8.2021)

203 Siehe auch die Beiträge im Tagesspiegel vom 11. Juni 2021: #IchbinHanna trendet auf Twitter. https://www.tagesspiegel.de/wissen/aufschrei-des-wissenschaftlichen-nachwuchses-ichbinhanna-trendet-auf-twitter/27278532.html; und vom 27. Juli 2021: Alle sind ausgebrannt und deprimiert. https://www.tagesspiegel.de/kultur/professorin-zu-ichbinhanna-alle-sind-ausgebrannt-und-deprimiert/27454942.html (abgerufen am 15.8.2021)

204 Siehe zum Beispiel: »Massenentlassungen?«, Neue Zürcher Zeitung vom 22. Januar 2002; https://www.nzz.ch/article7WJWY-1.357639 (abgerufen am 15.8.2021)

205 Übersetzung vom Verfasser; der Text des Tweets lautet im Original: »I don't like doing this but this past year I: – wrote 2 book chapters, 1 journal article & a book endorsed by a Pulitzer Prize winner – secured 2 fellowships – organised 3 conferences – was voted onto 2 boards – had a baby – was made redundant ACTIVELY SEEKING EMPLOYMENT.« (abgerufen am 15.8.2021)

206 Das Video ist noch auf Youtube verfügbar; https://www.youtube.com/watch?v=PIq-5GlY4h4E (abgerufen am 15.8.2021)

207 Böhmer, H. J.: Zur Integrität der Geographie, in: Geographische Revue 16, 2014, S. 76–82

208 Böhmer, H. J.: Wissenschaft im Zeitalter der Selfies. Zum mangelnden Generationentransfer in der Ökologie und anderswo. In: Bender, O., Kanitscheider, S. und Ruso, B. (Hg.): Generationentransfer. Weitergabe von Dingen und Informationen in Natur und Kultur (= 44. Matreier Gespräche zur Kulturethologie 2018. Schriftenreihe der Otto-Koenig-Gesellschaft), Norderstedt: BoD, 2019, S. 27–35

209 Böhmer, H. J. 2014

210 Liebig, K.: Internationale Regulierung geistiger Eigentumsrechte und Wissenserwerb in Entwicklungsländern. Eine ökonomische Analyse. Nomos Verlagsgesellschaft, Baden-Baden 2007

211 »Bernhard von Chartres sagte, wir seien gleichsam Zwerge, die auf den Schultern von Riesen sitzen, um mehr und Entfernteres als diese sehen zu können – freilich nicht dank eigener scharfer Sehkraft oder Körpergröße, sondern weil die Größe der Riesen uns emporhebt.« Nach Johannes von Salisbury (Ioannis Saresberiensis, 1159): Metalogicon 3, 4, S. 47–50

212 Ich verwende hier und im nachfolgenden Text Gedanken aus folgendem Beitrag: Böhmer, H. J.: Nachhaltigkeit und Geographie – Eine autobiographische Notiz. In: Dickel, M., Böhmer, H. J. (Hg.): Die Verantwortung der Geographie. Orientierung für eine reflexive Forschung. transcript Verlag, Bielefeld 2021, S. 173–188

213 Keddy, P.: Milestones in ecological thought – A canon for plant ecology. In: Journal of Vegetation Science 16, 2005, S. 145–150

214 Keddy, P. 2005, S. 146

215 Keddy, P.: Why did looters leave the books in Wal-Mart? Review of Evolutionary Ecology of Plant–plant Interactions: an Empirical Modeling Approach (C. Damgaard. 2004. Aarhus University Press, Aarhus, Denmark). In: Annals of Botany 99, 2007, S. 372–374

216 Lane, S. N.: Slow science, the geographical expedition, and Critical Physical Geography. In: The Canadian Geographer 61(1), 2017, S. 84–101

217 Im wissenschaftlichen Publizieren ist die kleinste publizierbare Einheit (*least publishable unit*, LPU, oder *minimale publizierbare Einheit*, MPU) die Mindestmenge an Information für eine Veröffentlichung in einer begutachteten Fachzeitschrift. Man spricht auch von »Salami Publishing«.

218 Geman, D. und Geman, S.: Science in the Age of Selfies. In: Proceedings of the National Academy of Sciences 113 (34), 2016, S. 9384–9387

219 Hard, G. (1987): Die Störche und die Kinder, die Orchideen und die Sonne. In: Hard, G. (Hg.): Dimensionen geographischen Denkens. Aufsätze zur Theorie der Geographie, Band 2, 2003, S. 315–327. Osnabrück. V&R unipress. (= Osnabrücker Studien zur Geographie, Bd. 23)

220 Bastin, J.-F., Berrahmouni, N., Grainger, A. et al.: The extent of forest in dryland biomes. Science 12.5.2017, S. 635–638

221 Bastin, J.-F., Finegold, Y., Garcia, C. et al.: The global tree restoration potential. Science 365, 2019, S. 76–79

222 Die detaillierten Entgegnungen *(Technical Comments)* diverser Autorenkollektive können unter https://www.science.org/doi/abs/10.1126/science.aax0848 (abgerufen am 15.8.2021) eingesehen werden.

223 Überprüfung errechneter oder aus Fernerkundungsdaten abgeleiteter Eigenschaften eines Landschaftsausschnitts vor Ort

224 Horkheimer, Max (1947): Eclipse of Reason. Oxford: Oxford University Press. (Übersetzung: Zur Kritik der instrumentellen Vernunft. Fischer, Stuttgart 2007)

225 Sorgo, K.: Klaus Sorgo über Max Horkheimer: Zur Kritik der instrumentellen Vernunft. In: theoriekritik.ch vom 13.2.2015

226 Dressel, K.: Auf der Suche nach reflexivem Wissen – Wissensformen in 15 Jahren Waldschadensforschung. In: Beck, U., Hajer, M. A., Kesselring, S. (Hg.): Der unscharfe Ort der Politik: Empirische Fallstudien zur Theorie der reflexiven Modernisierung. Opladen 1999, S. 211–230; zitiert nach Schäfer 2012, S. 5

227 Professor Matthew Hansen, Department of Geographical Sciences der University of Maryland; https://geog.umd.edu/facultyprofile/hansen/matthew-c. (abgerufen am 15.8.2021)

228 Die Abkürzung LiDAR steht für *Light Detection and Ranging,* also etwa »Lichterkennung und Reichweitenmessung«. Es handelt sich um dreidimensionales Laser-Scanning, das unter anderem zur Erstellung hochauflösender Landkarten verwendet wird. Eine aktuelle Anwendung in der Waldforschung ist die Ermittlung der Baumhöhen von Wäldern zur Ermittlung ihrer Kohlenstoff-Speicherkapazität; dabei zeichnet satellitengestütztes LiDAR die Menge der Laserenergie auf, die von Pflanzenmaterial (Blätter, Äste etc.) in verschiedenen Höhen über dem Boden zurückgeworfen wird. So entsteht ein genaues Bild der vertikalen Verteilung der Vegetation. Siehe unter anderem: https://gedi.umd.edu/ (abgerufen am 15.8.2021)

229 Siehe zum Beispiel Ahamer, G.: Mapping Global Dynamics. Geographic Perspectives from Local Pollution to Global Evolution. Springer Nature, Cham, Schweiz, 2019

230 Errechnete Zahl, deren Höhe den Einfluss *(Impact)* einer wissenschaftlichen Fachzeitschrift wiedergibt. Sie gibt an, wie oft die Artikel der Zeitschrift in wissenschaftlichen Publikationen durchschnittlich pro Jahr zitiert werden. Die Zahl ist kein Maß für die Qualität der Artikel in einer Zeitschrift, wird aber häufig so interpretiert.

231 Schlottmann, A.: Geographie als Postwachstumswissenschaft. Gemeinschaftliches Gärtnern in den Feldern der Erkenntnis? In: Dickel, M. und Böhmer, H. J. (Hg.): Die Verantwortung der Geographie. Orientierung für eine reflexive Forschung. transcript Verlag, Bielefeld 2021, S. 35–52

232 Übersetzung vom Verfasser nach: The Slow Science Academy (2010): The Slow Science Manifesto. http://slow-science.org. (abgerufen am 15.8.2021); siehe hierzu auch https://machinelearning-blog.de/forschung/slow-science (abgerufen am 15.8.2021)

233 Schlottmann 2021, S. 35

234 Stengers, I.: Another Science is Possible: A Manifesto for Slow Science. Polity Press, Cambridge 2018

Epilog

235 Ripple, W. J., Wolf, C., Newsome, T. M., Gregg, J. W. et al.: World Scientists' Warning of a Climate Emergency 2021, BioScience, 2021; biab079

236 Seidl, R., Thom, D. Kautz, M. et al.: Forest disturbances under climate change. Nature Climate Change 7, 2017, S. 395–402

237 Zum Beispiel: Bowman, D. M. J. S., Kolden, C. A., Abatzoglou, J. T. et al.: Vegetation fires in the Anthropocene. In: Nature Reviews Earth & Environment 1, 2020, S. 500–515

238 Sadegh, M., Abatzoglou, J., Alizadeh, M. R.: Western fires are burning higher in the mountains at unprecedented rates – it's a clear sign of climate change. In: The Conversation, 24. Mai 2021; https://theconversation.com/western-fires-are-burning-higher-in-the-mountains-at-unprecedented-rates-its-a-clear-sign-of-climate-change-159699 (abgerufen am 15. 8. 2021)

239 Sadegh, M. et al. 2021

240 Bennett, A., McDowell, N., Allen, C. et al.: Larger trees suffer most during drought in forests worldwide. Nature Plants 1, 2015, 15139

241 »Wald im Trockenstress: Schäden weiten sich weiter aus«; Pressemitteilung des Thünen-Instituts vom 24. Februar 2021; https://www.thuenen.de/de/infothek/presse/aktuelle-pressemitteilungen/wald-im-trockenstress-schaeden-weiten-sich-weiter-aus (abgerufen am 15.8.2021)

242 Senf, C., Sebald, J., Seidl, R.: Increasing canopy mortality affects the future demographic structure of Europe's forests. In: One Earth, 11.5.2021, https://doi.org/10.1016/j.oneear.2021.04.008

243 Ehbrecht, M., Seidel, D., Annighöfer, P. et al.: Global patterns and climatic controls of forest structural complexity. Nature Communications 12, 519 (2021)

244 Zemp, D. C., Schleussner, C. F., Barbosa, H. et al.: Self-amplified Amazon forest loss due to vegetation-atmosphere feedbacks. Nature Communications 8, 2017, S. 1–10

245 Esquivel-Muelbert, A., Baker, T. R., Dexter, K. G. et al.: Compositional response of Amazon forests to climate change. Global Change Biology, Volume 25, 2019, S. 39–56

246 Qin, Y., Xiao, X., Wigneron, J. P. et al.: Carbon loss from forest degradation exceeds that from deforestation in the Brazilian Amazon. In: Nature Climate Change 11, 2021, S. 442–448

247 Astrup, R., Bernier, P. Y., Genet, H. et al.: A sensible climate solution for the boreal forest. Nature Climate Change 8, 2018, S. 11–12

248 Sudmeier-Rieux, K., Arce-Mojica, T., Böhmer, H. J. et al.: Scientific evidence for ecosystem-based disaster risk reduction. In: Nature Sustainability, 2021

249 Fleming, P. A., Wentzel, J. J., Dundas, S. J. et al.: Global meta-analysis of tree decline impacts on fauna. In: Biological Reviews, 2021 (early view, https://doi.org/10.1111/brv.12725, abgerufen am 15.8.2021)

250 »Monitoring Global Tree Mortality Patterns and Trends«; Task Force der International Union of Forest Research Organizations (IUFRO), https://www.iufro.org/science/task-forces/tree-mortality-patterns (abgerufen am 15. 8. 2021); siehe auch »International Tree Mortality Network«: https://www.tree-mortality.net (abgerufen am 15.8.2021)

251 Hartmann, H., Schuldt, B., Sanders, T. G. M. et al.: Monitoring global tree mortality patterns and trends. Report from the VW symposium ›Crossing scales and disciplines to identify global trends of tree mortality as indicators of forest health‹. New Phytologist 217, 2018, S. 984–987

252 Die Arbeitsgruppe *Resource data in the tropics* der International Union of Forest Research Organizations (IUFRO) macht es sich seit Kurzem zur Aufgabe, die zahllosen waldbaulichen und waldökologischen Arbeiten des 20. Jahrhunderts aus dem Bereich der Tropen zu katalogisieren, um die enthaltenen Daten für die aktuelle und künftige Forschung sicht- und verfügbar zu machen. Allein für den tropischen Bereich des britischen Commonwealth geht ihre Zahl in die Tausende. https://www.iufro.org/science/divisions/division-4/40000/40200/40201/ (abgerufen am 15.8.2021)

253 William F. Laurance, damals Prince Bernhard Chair in International Nature Conservation an der James Cook University in Cairns, Australien.

254 Ripple, W. J., Wolf, C., Newsome, T. M. et al. and 15,364 scientist signatories from 184 countries, World Scientists' Warning to Humanity: A Second Notice, BioScience, Volume 67, Issue 12, Dezember 2017, S. 1026–1028, https://doi.org/10.1093/biosci/bix125

255 Böhmer, H. J.: Nachhaltigkeit und Geographie – Eine autobiographische Notiz. In: Dickel, M., Böhmer, H. J. (Hg.): Die Verantwortung der Geographie. Orientierung für eine reflexive Forschung. transcript Verlag, Bielefeld 2021, S. 173–188

256 Garcia, C. A., Savilaakso, S., Verburg, R. W. et al.: The Global Forest Transition as a Human Affair, One Earth, Volume 2, Issue 5, 2020, S. 417–428

Der Autor

Prof. Dr. Hans Jürgen Böhmer, Jahrgang 1967, studierte Geografie, Biologie, Geologie, Politikwissenschaften und Journalistik an den Universitäten Bamberg und Erlangen. 1998 Promotion über gestörte Ökosysteme der Alpen, 2006 Habilitation an der Technischen Universität München über die Langzeit-Dynamik der Regenwälder Hawaiis. Ab 2014 Inhaber des Lehrstuhls für Biogeographie an der University of the South Pacific und Direktor des Instituts für Geographie, Erdwissenschaften und Umwelt. 2015 Regierunsberater der Pazifikstaaten für das Pariser Klimaabkommen (COP 21). 2019 Mitbegründer einer Task Force zur globalen Überwachung und Erforschung von klimabedingten Waldsterben. Seit 2022 ist er Professor für Geobotanik an der Leibniz-Universität Hannover.

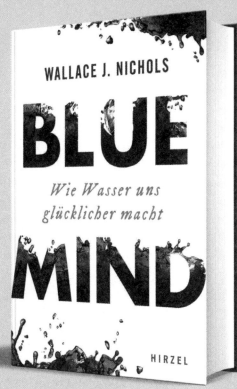